普通高等教育卓越工程师培养"十二五"规划教材·模具系列

"辽宁省普通高等学校本科工程人才培养模式改革试点专业"专项资金资助

模具材料及表面强化技术

主　编　王明伟

副主编　赵艳龙　赵秀君

U0317847

中国铁道出版社
CHINA RAILWAY PUBLISHING HOUSE

内 容 简 介

本书针对模具企业当前模具材料的使用情况,对合理选择模具材料,正确应用热处理工艺和表面强化处理技术,以及模具的使用寿命、精度和表面质量的关系做了系统的论述。本着从实用角度出发,按照模具材料的分类标准,系统地介绍了不同类别模具材料的性能、热处理要求和模具材料的选用原则,并列举了现场模具的选材实例。另外,还系统地介绍了模具表面强化处理技术。

本书适合作为高等院校材料成型及控制工程专业(模具方向)的专业教材,也可作为大中专院校相关专业师生及从事模具行业的技术人员和一线操作人员的参考用书。

图书在版编目(CIP)数据

模具材料及表面强化技术/王明伟主编 . —北京:
中国铁道出版社,2015.5
普通高等教育卓越工程师培养"十二五"规划教材·
模具系列
ISBN 978 - 7 - 113 - 20029 - 9

Ⅰ.①模… Ⅱ.①王… Ⅲ.①模具 - 工程材料 - 高等学校 -
教材 ②模具 - 金属表面处理 - 高等学校 - 教材 Ⅳ.①TG76

中国版本图书馆 CIP 数据核字(2015)第 040364 号

书　　名:模具材料及表面强化技术	
作　　者:王明伟　主编	

策　　划:马洪霞	读者热线:400 - 668 - 0820
责任编辑:潘星泉	
编辑助理:雷晓玲	
封面设计:白　雪	
责任校对:汤淑梅	
责任印制:李　佳	

出版发行:中国铁道出版社(100054,北京市西城区右安门西街 8 号)
网　　址:http://www.51eds.com
印　　刷:三河市航远印刷有限公司
版　　次:2015 年 5 月第 1 版　　2015 年 5 月第 1 次印刷
开　　本:787 mm ×1 092 mm　1/16　印张:10.25　字数:244 千
书　　号:ISBN 978 - 7 - 113 - 20029 - 9
定　　价:24.00 元

前　　言

本书是根据教育部"卓越工程师教育培养计划"制定的工程人才培养标准,按照模具材料与表面强化技术课程教学大纲,通过模具卓越工程师教育培养实践,由校企双方共同编写的规划教材,主要用于材料成型及控制工程专业(模具方向)的学生使用,也可用于大中专院校相关专业师生及从事模具行业的技术人员和一线操作人员参考。

模具工业作为现代工业基础,60% ~ 90% 的工业产品都需要使用模具进行加工,许多新产品的开发和生产在很大程度上都依赖模具,特别是汽车、电子电气、机械、建材和塑料制品等行业。由于模具制品的性能、结构、尺寸精度、产量等有较大的差异,对模具材料的选用,热处理和表面强化技术提出了相应的要求。模具作为一种高附加值和技术密集型产品,其技术水平的高低已成为衡量一个企业、一个国家制造业水平的重要标志之一。

在模具设计与制造中,合理地选用模具材料,正确地应用热处理工艺和表面强化技术,对模具的使用寿命、精度和表面质量起着重要的甚至决定性的作用,模具材料与表面强化技术是模具设计与制造的基础。但长期以来,许多模具生产企业对模具材料的选用和表面处理不够重视,对模具新材料、新工艺、新技术了解不够,这是造成我国模具使用寿命普遍不长的重要原因之一。

本书从实用角度出发,按照模具分类标准,系统地介绍了模具材料与表面强化方法。全书共 6 章,重点对冷作模具、塑料模具和热作模具的工作条件、失效形式、性能特点,典型牌号、工艺路线和热处理技术特点及材料选用等作了详细地介绍,同时专门讲述了模具表面强化方法。该书内容先进、实用,可操作性和资料性较强。

本书由大连工业大学王明伟担任主编,中国华录·松下电子信息有限公司赵艳龙、大连工业大学赵秀君担任副主编。大连工业大学李姝,中国华录·松下电子信息有限公司王凤松、褚雁鹏,共立精机(大连)有限公司史宏莹,大连神通模具有限公司吕晶等参与了本书的编写。同时该书也得到了"辽宁省普通高等学校本科工程人才培养模式改革试点专业"专项资金资助,在此表示衷心的感谢。

鉴于作者的编写水平和实践经验有限,书中不当之处在所难免,敬请有关专家和读者批评、指正。

编　　者

2015 年 1 月

目　　录

第1章　模具材料及表面强化综述

模具是现代生产中制造各种工业产品的重要工艺装备,它以其特定的形状通过一定的方式使原材料成形。由于模具成形具有优质、高产、省料和成本低等特点,所以在国民经济各个部门,特别是汽车、拖拉机、航空航天、仪器仪表、机械制造、家用电器、石油化工、轻工等工业部门得到了极其广泛的应用。例如,在汽车生产中,一个车型的轿车,需 4 000 多套模具,包含冷冲压模、锻模、塑料模、压铸模、橡皮模等。采用模具生产的零部件具有生产效率高、质量稳定、一致性好、节省原材料和能源、生产成本低等优点,现在已经成为当代工业生产的重要手段和工艺发展的方向之一。

现代工业产品的发展和生产效益的提高,在很大程度上取决于模具的发展和技术水平。模具已成为衡量一个国家、一个地区、一家企业制造水平的重要标志之一。模具工业能促进工业产品生产的发展和质量的提高,并能获得极大的经济效益,因而引起了各个国家的高度重视。在日本,模具被誉为"进入富裕社会的原动力",在德国则冠之以"金属加工业中的帝王",在罗马尼亚有"模具就是黄金"的观点。我国将模具工业视为整个制造业的"加速器"。因此,随着工业生产的迅速发展,模具工业在国民经济中的地位日益提高。

1.1　模具及模具材料分类

模具是一种高效率的工艺装备,在汽车、冶金、电子、轻工、机械制造等行业的生产中应用广泛,而模具的使用效果、使用寿命在很大程度上取决于模具的设计和制造水平,尤其是模具材料的选用和热处理质量的好坏。

1.1.1　模具分类

根据模具的工作条件可将模具分为冷作模具、热作模具和型腔模具三大类。

(1)冷作模具:包括冷冲压、冷挤压、冷镦模、拉伸弯曲模、拉丝模、滚丝模等。

(2)热作模具:包括热锻模、热精锻模、热挤压模、热冲裁模、压铸模等。

(3)型腔模具:包括塑料模具、橡胶模具、陶瓷模具、玻璃模具、粉末冶金模具等。

1.1.2　模具材料分类

模具材料的种类繁多,分类的方法也不尽相同。通常可分为钢铁材料、非铁金属材料和非金属材料三大类,目前应用最多的还是钢铁材料。

(1)钢铁材料。用于制造模具的钢铁材料主要是模具钢,模具钢的分类如下:

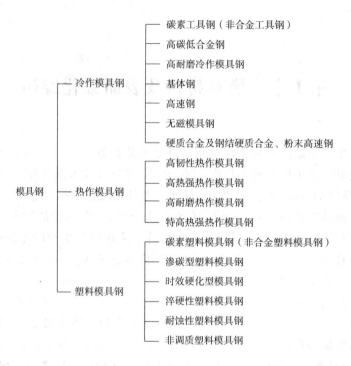

（2）非铁金属材料。用于制造模具的非铁金属材料主要是铜基合金、低熔点合金、高熔点合金、难熔合金等。

（3）非金属材料。用于制造模具的非金属材料主要有陶瓷、橡胶、塑料等。

1.2 模具材料的性能

根据模具加工对象材料的种类、成形方法和温度等的不同，对模具的性能要求也有所不同。一般来说，要想得到较长的使用寿命，需要通过硬化等来提高模具的强度及耐磨性。另一方面，提高强度又容易产生开裂和崩角，因此掌握好二者的平衡至关重要。为了使选用的模具材料满足模具的使用要求，通常从使用性能、工艺性能和冶金质量三个方面来考虑。

1.2.1 模具材料的使用性能

各种模具的工作条件不同，对模具材料性能要求也不相同。模具设计人员主要是根据模具的工作条件和使用寿命要求，合理地选用模具材料及热处理工艺，使之达到主要性能最优，而其他性能损失最小的最佳状态。对各类模具材料提出的使用性能要求主要包括强度、硬度、塑性、韧性和疲劳性能。

1. 强度

强度是表征材料变形抗力和断裂抗力的性能指标。

模具在使用中承受着各种负荷。从应力形态上可分为拉伸、压缩、弯曲、扭转应力，从负荷状况上又有静态、冲击及反复之分。通常情况下,模具不会因一次负荷而损坏,多因反复多次负荷导致疲劳而造成损坏。当然,在超负荷的情况下有时也会在极短的时间内出现破坏。

评价冷作模具材料塑性变形抗力的指标主要是常温下的屈服强度 σ_s;评价热作模具材料塑性变形抗力的指标主要是高温下的屈服强度 σ_s。为了确保模具在使用过程中不会发生过量塑性变形失效,模具材料的屈服强度 σ_s 必须大于模具的工作应力。

反映冷作模具材料的断裂抗力指标是室温下的抗拉强度 σ_b、抗压强度和抗弯强度等,对于含碳量高的冷作模具因塑性很差,一般不用抗拉强度而用抗弯强度作为实用指标。热作模具的断裂失效,不完全是由于模具材料的抗拉强度不足,因此,在考虑热作模具的断裂抗力时,还应包括断裂韧度等因素。

影响强度的因素很多,钢的含碳量与合金元素的含量,晶粒大小,金相组织,碳化物的类型、形状、大小及分布,残余奥氏体量,内应力状态等都对强度有显著影响。

2. 硬度

硬度是衡量材料软硬程度的性能指标,实际上它是表征材料对变形和接触应力的抗力。它是很容易测定的一种性能指标,并且硬度和强度 σ_b 也有一定联系,可通过硬度和强度换算关系得到材料的硬度值。

钢的硬度与成分、组织均有关系,通过热处理制度可以使硬度在很大的范围内改变。常用的硬度测量方法有三种。

(1)洛氏硬度(HR):最常用的一种硬度测量方法,测量简便迅速、数值可以从表盘上直接读出,测量硬度范围广,因而应用最广泛。由于压痕较小,相对工件表面不会造成损伤。洛氏硬度由三种刻度,即 HRA、HRB、HRC,模具上常用的是 HRC。

(2)布氏硬度(HB):主要用于退火、正火、调质等模具钢的硬度测定。

(3)维氏硬度(HV):常用来测定薄淬硬层和化学热处理(如渗氮层)的薄形工件及小工件的表面硬度,以及化学热处理淬火后的有效硬化层深度等。

为了便于切削加工,工模具钢通常是以软质的退火状态供应市场,经粗加工后,再通过热处理得到高硬度来提高其耐磨性。模具在工作中应能在压应力的作用下,保证其形状和尺寸不会迅速变化。因此,经过热处理后的模具应具有足够高的硬度,如冷作模具一般硬度在 60 HRC 以上,而热作模具硬度可适当降低,一般在 42~50 HRC。

3. 塑性

塑性是指金属材料断裂前产生永久变形的能力。衡量模具材料的塑性好坏,通常采用断后伸长率 δ 和断面收缩率 ψ 两个指标表示。δ 和 ψ 数值越大表明材料的塑性越好。

4. 韧性

韧性是模具材料在冲击载荷作用下抵抗裂纹产生的一个特征,反映了模具的脆断抗力,常用冲击韧度 α_k 来评定。它是模具设计,特别是冷冲压模具、锤锻模具等设计时的重要参考依据。材料的冲击韧度越高,其承载冲击载荷的能力就越高。传统的模具钢为了保证模具的高硬度、高耐磨性,往往使模具的韧度降低,模具在受力大时易产生脆性断裂。目前提高材料的强度、韧性及硬度综合性能有两种途径,一是改变材料的合金元素成分,二是采用表面处理工艺,这两方面都是我国模具工业中、长期发展的重要目标之一。

5. 疲劳性能

疲劳性能是反映材料在交变载荷作用下抵抗疲劳破坏的性能指标,根据不同的应用场合,有疲劳强度、疲劳裂纹萌生抗力、疲劳裂纹扩展抗力等。

对于热作模具,大多数在急冷急热条件下工作,必然发生不同程度的冷热疲劳,因此还要把冷热疲劳抗力作为热作模具材料的一项重要性能指标。

模具的破坏大多不是受单一静态载荷,而是受到交变负荷的影响。一般情况下,在未达到由单一负荷测定的抗拉强度及抗压强度时模具就出现了破损,将之称为疲劳现象,这在实际设计模具中要特别注意。

疲劳强度的大小与抗拉强度和钢种有关。特别是组织中有粗大碳化物的冷作模具钢,会以此为起点发生疲劳现象,所以具有微细碳化物的高速工具钢具有较高的疲劳强度。一般说来,粗大碳化物的尺寸较长、较宽,且所占比例较大,碳化物自身开裂的概率也就越高,其疲劳强度也会随之降低。

此外,表面质量对疲劳强度的影响也较大。高硬度材料的表面粗糙度值越高,越容易造成缺口效应而成为开裂起点,降低疲劳强度。

表面脱碳引起硬度下降,因组织转变时间点的不同而形成拉应力时,均会降低疲劳强度。另外,电火花加工的加工变质层,尤其残留的熔融凝固的白层,其中存在的裂纹会成为疲劳破损起点。因此,电火花加工后通过研磨等去除加工变质层是十分重要的。

另外,为提高耐磨性而对模具进行渗氮处理后,会在表面形成压应力,可抵消模具上的拉应力,从而提高疲劳强度。

1.2.2 模具材料的工艺性能

在模具生产成本中,特别是小型精密复杂模具,模具材料费用往往只占总成本的10%~20%,有时甚至低于10%,而机械加工、热加工、表面处理、装配、管理等费用占总成本的80%以上,所以模具材料的加工工艺性能就成为影响模具生产成本和制造难易的主要因素之一。因此,从保证质量、缩短交货期、降低成本等方面考虑,也需要易于提高精度且便于加工的模具材料。

1. 切削性

对模具的加工基本是切削加工,并分为退火态的粗加工和热处理后的精加工。无论是哪种加工方式,重点是确保切削刀具费用低、切屑容易处理、加工表面光滑,通常将这些特点统称为切削性。

影响切削性的材料因素如图1-1所示。模具材料的化学成分、热处理和加工过程决定着其强度及切削时的变形特性。模具钢中的非金属夹杂物会影响变形特性和润滑性,从而决定着切削抗力和切削热,这些因素影响着氧化磨损和扩散磨损。模具材料的化学成分及其与切削刀具的亲和性、积削瘤、非金属夹杂物的分布,则决定着黏着磨损和磨粒磨损的程度。

切屑处理性主要取决于断屑类型。如果切屑为连续卷曲状,特别是用钻头进行钻孔加工时,切屑不易排出会导致加工效率下降。理想的切屑是间断的短屑。

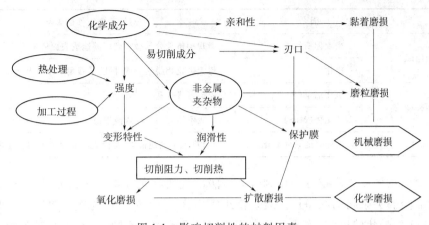

图 1-1　影响切削性的材料因素

切削后的表面应平滑细致。一般来说,材料的硬度越高,切削性越差。但如果材料硬度太低(太黏),切削会变得连续不断,表面也会粗糙,因此硬度要恰当。

从目前模具材料的使用来看,企业倾向于为延长模具寿命而采用高合金化的材料并极力降低杂质追求纯净化,结果造成切削抗力增加、延展性上升、切削不够理想,同时导热性的下降导致切削温度上升、切削性下降。为此,人们纷纷转而对切削刀具表面涂镀处理,或引进高刚性切削加工设备,采用高速切削并选定恰当的切削速度和切削深度等。

另外,切削优良的模具钢称为易切削钢。其改善方法有三种:使非金属夹杂物和易切削元素(Pb)等颗粒呈弥散分布,使应力集中于此,以降低变形抗力;利用夹杂物的润滑减少摩擦;含钙(Ca)的复合夹杂物在切削过程中附着到刀具上起到保护膜的作用。易切削钢主要以结构钢为主体开发。对于强度及其他性能要求高的钢种,如工模具钢,其易切削元素的添加量有限。虽然如此,为了降低机械加工周期及成本,也会添加适量的硫元素,并通过对硫化锰(MnS)形态的控制来改善材料的切削性。再有,使硬质碳化物细微化、均匀化等,也可改善模具材料的切削性。

2. 尺寸稳定性

模具必须经过粗加工、热处理、精加工后才能付诸使用,所以热处理尺寸的变化量以及稳定性显得尤为重要。如尺寸变化较大,不得不多留出精加工余量,致使加工周期增加。另外,根据模具形状的不同,在淬火冷却时有时会因内外温差造成热处理变形。

模具经热处理及精加工后使用时,随着时间的推移,会出现微米级尺寸变化。这种尺寸的时效变化对于精密模具来说是需要重视的。随着模具向精密化发展,有效控制热处理后尺寸的变化、形状变化以及时效变化,显得越发重要。

3. 镜面性

模具中主要是塑料模具对镜面性有所要求。镜面性是指工件表面不出现针孔等微小缺陷,表面粗糙度值所能达到的微细程度,根据成形件和塑料种类的不同镜面性会有所差异。影响模具材料的镜面性的因素如表 1-1 所示。

表 1-1　影响模具材料镜面性的因素

分　类	因　素	对镜面加工性的影响
显微组织	微观偏析	微观偏析部分的微小硬度差造成表面质量不均匀
	碳化物	粗大碳化物脱落形成针孔，或残留后形成凸起
非金属夹杂物	氧化铝系（Al_2O_3）	脱落形成针孔
	硫化物（MnS）	形成不均匀的条纹或波浪纹
耐蚀性	抛光时的表面氧化	#8000 以上的超镜面，会因表面氧化产生橘皮或雾化现象

　　一般，材料的硬度越高越容易得到较高等级的镜面。通常要求使用显微组织微小、均匀无偏析、无非金属夹杂物的纯净钢。就显微组织而言，主要是碳化物颗粒要微小。显微偏析部位有碳化物的带状偏析、基体成分分布不均匀会导致硬度不同，从而研磨时表面出现凸凹不平。非金属夹杂物在研磨过程中脱落，残留的凹坑随着研磨扩展，形成针孔，所以非金属夹杂物越少越好。

　　此外，耐蚀性对镜面也有影响。耐蚀性较差时，表面易氧化起雾，难以达到镜面要求。对模具材料进行精炼得到高纯度、无偏析的微细组织，也可提高镜面性。还有，在材料的任何部位均能得到同样稳定的品质也是重熔精炼的特点。

4. 焊接修复性

　　模具在制作时改变设计方案，或者加工过程中出现失误，需要用到焊接修复。再有，若模具在使用时出现裂纹及损伤，一般也会焊接修复后继续使用。例如压铸模等一般需定期去除其表面热龟裂，再通过焊接修复后继续使用。

　　另外，对于塑料模具，有时会在焊接后的表面上进行蚀纹加工及研磨。因此，要求材料的焊接性良好，即不易出现焊接开裂、热影响要小。目前，各种改善焊接敏感性的材料纷纷得到了开发。

1.3　模具材料的热处理

　　模具制作过程与热处理的关系如图 1-2 所示。当需要制作模具时，首先要准备模具材料，然后按模具的设计要求粗加工，再按性能要求进行淬火和回火等热处理。因为模具将用来大批量生产各种材料成形产品，所以往往需要其具有耐磨性、耐开裂性及耐蚀性等。另外，对精加工后的模具进行表面硬化处理和镀膜等，在广义上也可称为热处理。

　　而对于预硬钢，模具厂家将其加工成模具后可直接交付使用无需热处理，是因为材料在出厂前已经预先进行了所需热处理。

　　那么何为模具材料热处理呢？模具材料热处理就是通过不同的加热、保温和冷却方法改变模具材料内部组织以便获得所需组织和性能的一种工艺过程。通常，模具的使用寿命及其制品质量，在很大程度上取决于热处理的质量。因此，在模具制造中，制订合理的热处理工艺和提高热处理技术水平显得尤为重要。

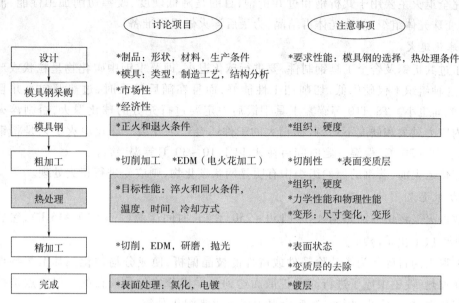

图 1-2　模具制造过程与热处理的关系

模具材料常用的热处理工艺有退火、正火、淬火和回火。

1. 退火

把钢加热到一定温度，保温一定时间，然后缓慢冷却（一般随炉冷却）的热处理工艺称为退火。

退火的目的：

（1）降低钢的硬度、提高塑性，以利于切削加工和冷变形加工。

（2）消除钢件中的残余应力，以稳定钢件的尺寸，防止和减少模具最终热处理后的变形和开裂。

（3）细化晶粒，均匀钢的组织和成分，改善钢的性能，为后续热处理做好组织上的准备。

模具钢常用的退火方法有完全退火、不完全退火、等温退火、球化退火、扩散退火和低温去应力退火等。

1）完全退火

完全退火是将亚共析钢加热到 A_{c3} 以上保温，使钢中组织完全转变为奥氏体，然后缓慢冷却到 600 ℃以下，再出炉空冷。

完全退火主要用于亚共析成分的碳钢和合金钢，目的是细化晶粒，消除内应力和过热组织，降低硬度，便于切削加工，并为淬火做好组织准备。

对于珠光体转变比较稳定的合金钢，为了加速退火冷却过程，应采用等温退火。其工艺为将钢加热到 A_{c3} 或 A_{c1} 以上 30～50 ℃，在 A_{r1} 以下某一温度保温。

2）不完全退火

不完全退火是将钢件加热至 A_{c1} ～ A_{c3} 之间或 A_{c1} ～ A_{cm} 之间，保温一定时间后缓冷至 500～600 ℃出炉空冷。

不完全退火主要用于共析钢和过共析钢,目的是降低硬度、改善切削加工性能、消除内应力,改变珠光体组织,使珠光体再结晶,为最后淬火做组织准备。

3)球化退火

对于过共析钢及合金工具钢制件,要进行球化退火,即要求钢中碳化物呈粒状或球状均匀分布,这种组织不仅硬度低,切削加工性能好,而且在随后淬火时,过热倾向小并且变形小,开裂倾向也小。T8、T10 等碳素工具钢锻后一定要进行充分的球化退火,否则淬火后极易引起内应力过大和硬度不均,截面稍大的工件还会产生开裂。球化退火工艺是将钢加热到 A_{c1} 以上 20~30 ℃,保温一定时间后在 A_{r1} 以上 10~30 ℃等温、缓冷。

在球化退火前,若钢的原始组织中有明显网状碳化物,则应先进行正火处理。

4)扩散退火

扩散退火是将钢件加热到 A_{c3} +(150~250 ℃)长时间保温(一般 10~15 h),然后随炉冷到 350 ℃以下出炉冷却。

扩散退火的目的是为了消除锻件或铸件的枝晶偏析,使成分均匀化。其工艺特点是高温长时间加热,使钢中原子进行充分扩散而达到化学成分均匀化的目的。但缺点是扩散退火后组织严重过热,需再进行一次完全退火或正火来细化晶粒。

5)去应力退火

工件因加工而存在的内应力,其后容易引起变形、开裂等,通过去应力退火可以消除或取得平衡。

其工艺为将钢件随炉缓慢加热至 A_{c1} -(100~200 ℃),即 500~650 ℃,保温一定时间后缓慢冷却。钢在去应力退火中并无组织变化。

模具零件中存在内应力是十分有害的,如不及时消除,将使模具零件在加工及使用过程中发生变化,影响模具的精度和使用寿命。此外内应力与外加载荷叠加在一起还会引起模具材料发生断裂。因此,锻造、铸造、焊接以及切削加工后模具零件应采取去应力退火,以消除加工过程中产生的内应力。

2. 正火

正火的目的是为了消除冷作、锻造或急冷时产生的内应力,细化高温过热时生成的粗大组织,消除晶界析出的网状碳化物,或作为球化退火的预处理。对于强度要求不高的零件,正火可以作为最终热处理;含碳量低于 0.45% 的碳钢,可以用正火代替退火;正火对于模具制造来讲,主要用于球化退火前的预先热处理。其工艺为将钢加热至 A_{c3} 或 A_{ccm} 以上 30~50 ℃,在空气中冷却。

退火、正火工序的温度区域如图 1-3 所示。

3. 淬火

淬火的目的是为了提高工件的硬度、耐磨性和其他力学性能。淬火是模具制造中一项必不可少的热处理工序。如凸模与凹模都要经过淬火处

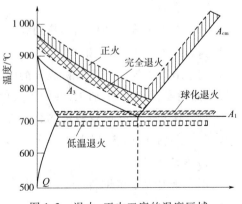

图 1-3 退火、正火工序的温度区域

理,使其硬度提高,增强模具的使用寿命和耐用度。所谓的淬火是将钢加热到奥氏体化后,以不发生不完全淬火组织的冷却速度(即大于临界冷却速度)快速冷却使其进行马氏体转变的热处理工艺。

淬火的加热温度,亚共析钢采用完全淬火,其加热温度为 A_{c3} 以上 30～50 ℃;过共析钢的淬火温度在 A_{c1}～A_{cm} 之间。

淬火工艺是一项比较复杂的热处理技术,在加热和冷却时由于组织转变(马氏体的比容比奥氏体的比容大)和热胀冷缩的缘故,常在淬火的金属内呈现出有害的组织应力和热应力,使淬火零件体积增大,且在各方向上不均匀,容易使工件淬裂或变形,而且还呈现出脆性,使经过很多工序加工成形的工件报废,给生产带来损失和浪费。因此,淬火时,一定要严格遵守淬火操作规程。

4. 回火

淬火钢加热到低于 A_1 点以下某一温度保温一段时间,然后进行冷却的工艺称为回火。回火有两种目的:一是改变淬火组织,得到一定强度、韧性的配合;二是为了消除淬火应力和回火中的组织转变应力。

模具淬火后,应马上进行回火,以提高钢的韧性、增加耐用度。冷、热模具重要零件根据工况的需要常进行低温或中温回火。中碳钢或中碳合金结构钢淬火后再进行高温回火的工艺称为调质处理,调质主要用于结构零件的最终热处理和重要零件、模具的预备热处理。

1.4　模具材料表面强化技术

为了提高模具的使用寿命,不仅需要高质量、性能好的模具材料,还应该采取合理的热处理工艺来提高它的使用性能,但常规热处理技术已很难满足模具高的表面耐磨性和基体的强韧性要求。表面强化技术不仅能提高模具表面的耐磨性及其他性能,而且能使基体保持足够的强韧性。从省能源、省资源、充分发挥材料性能潜力、获得特殊性能和最大技术经济效益出发,发展和应用表面强化技术是提高模具使用性能和寿命的重要措施。常用的表面强化技术有以下几种。

1. 化学热处理

化学热处理是将模具加热到一定温度与介质发生化学反应,使其表面按需要渗入一定量的其他元素,从而改善其表层化学成分、组织和性能,从而有效提高模具表面的耐磨性、耐蚀性、抗氧化和抗咬合等性能,使模具的寿命有显著的提高。几乎所有的化学热处理工艺均可用于模具热处理。

2. 高能束表面强化技术

以极大密度的能量瞬时供给模具表面,使其发生相变硬化、熔化快速凝固和表面合金化效果的热处理称高能束表面强化技术。其热源通常是指激光、电子束、离子束等。

其共同特点是加热速度快、工件变形小、不需要冷却介质,可控性能好、便于实现自动化处理。国内常采用激光相变硬化、小尺寸电子束和中等功率的离子注入来提高模具表面硬度,并取得较好的效果。

3. 模具表面气相沉积强化

气相沉积按形式的基本原理,可分为化学气相沉积(CVD)和物理气相沉积(PVD)。气相沉积是在模具表面覆盖一层厚度为 $0.5 \sim 10 \mu m$ 的过渡族元素(Ti、V、Cr、W、Nb 等)的碳、氮、硼化合物或单一的金属及非金属涂层。

气相沉积具有很高的硬度、低的摩擦因数和自润滑性能,抗磨粒磨损性能良好,并有很强的抗蚀性能和良好的抗大气氧化能力,是一种很有前途的新型模具表面强化技术。

CVD 是采用化学方法使反应气体在模具基材表面发生化学反应形成覆盖层的方法,可获得超硬耐磨镀层,是提高模具使用寿命的有效途径。

PVD 是将金属、合金或化合物放在真空室中蒸发(或溅射),使这些气相原子或分子在一定条件下在模具表面上沉积的工艺。PVD 可分为真空蒸镀、阴极溅射镀和离子镀三类。它具有处理温度低、沉积速度快、无公害等特点,十分适合模具的表面强化,可大大提高模具的使用寿命。

1.5 模具零件的失效形式

模具在使用时,在其不同部位,承受不同的作用力。一副模具在使用过程中,可同时出现多种损伤形式。大多数模具出现损伤后不会立即丧失使用能力,仅在其中一种损伤发展到足以妨碍模具的正常工作或是生产出废品时,此模具才停止使用。因此,模具失效是指模具已丧失正常的工作能力,具体是指模具工作部分发生严重磨损或损坏到不能用一般修复方法(刃磨、抛光)使其重新使用的现象。

各种形式的损伤,其发展速度随模具的结构、模具材料的性能、模具的制造工艺、压力加工设备的特性和压力加工操作方法的不同有很大的差异。因此,由于上述因素的不同,同一种模具可能导致完全不同的失效形式。模具的失效分偶然失效(如使用不当引起模具过早破损)和必然失效(因正常破损而结束寿命)两类。

对模具进行失效分析,不仅是为了查明其失效形式、失效原因及影响因素,还应当了解其他可能导致损伤的原因及影响因素。这样掌握了全面的情况,在克服某一种失效形式时,不至于使其他损伤加速发展,成为危害更大的失效形式。图 1-4 ~ 图 1-9 列举了几种重载模具经常出现的损伤形式。

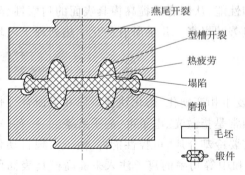

图 1-4　锤锻模失效形式示意图

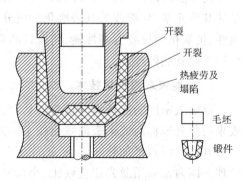

图 1-5　热挤压冲头的损伤形式示意图

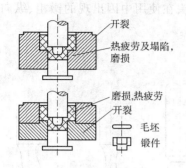

图 1-6　热冲压凹模的损伤形式示意图

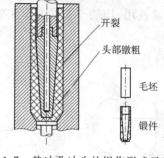

图 1-7　热冲孔冲头的损伤形式示意图

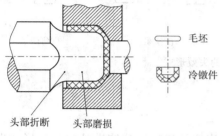

图 1-8　冷镦冲头的损伤形式示意图

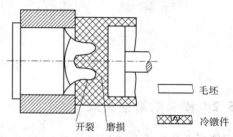

图 1-9　凸凹冷镦模的损伤形式示意图

模具失效的基本形式有 5 种:塑性变形、磨损、疲劳、冷热疲劳、断裂及开裂。模具形状各异、结构复杂,在使用过程中各部分承受的作用力不同,可能同时出现多种形式的损伤,各种损伤之间又相互渗透、相互促进、各自发展,加速模具的损伤,而当某种损伤的发展导致模具失去正常功能,则模具失效。

某特殊钢厂曾对模具的破损进行过调查,破损失效的特征及原因的比例如表 1-2 所示。

表 1-2　模具失效特征及原因的比例

模 具 失 效	热处理不当	加工不当	使用不当	材料缺陷	设计不合理	选材不当	其　　他	合　　计
断裂	39	12	9	1	6	3	5	75
磨损	6	—	—	1	—	—	—	7
变形	2	—	1	—	—	—	1	4
热裂	—	1	1	—	—	—	—	2
其他	2	3	—	5	—	—	2	12
合计	49	16	11	7	6	3	8	100

1.5.1　模具的变形失效

材料受到力的作用就会发生变形。随着力的增加,材料的变形总是要经历弹性变形阶段、塑性变形阶段、出现裂纹到裂纹扩展直至断裂阶段的过程。变形失效是逐步形成的,一般属于非灾难性的,因此不易被人关注,但是当变形量超过了模具的精度要求,成形的工件成为次品或废品时,也会造成模具的失效。另外,过度的变形最终也会导致断裂。模具在使用过程中出现的型腔塌陷、型孔胀大、棱角倒塌以及冲头在使用中因出现的镦粗、纵向弯曲，而不能继续使用，均属于塑性变形失效，如图1-10所示。

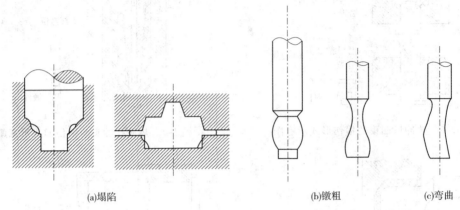

(a)塌陷   (b)镦粗   (c)弯曲

图1-10　模具塑性变形的失效形式

1.5.2　模具的磨损失效

模具在使用中与成形坯料接触，产生相对运动，当这种相对运动使模具的几何形状发生变化或改变了模具的表面状态使之不能继续使用时，称为磨损失效；或者在摩擦过程中，模具工作表面黏附了一些坯料金属，使模具的几何形状发生变化而不能继续使用，也视为磨损失效。磨损失效可表现为刃口钝化、棱角变圆、平面下陷、表面沟痕、剥落、黏模等形式。

模具磨损的具体形式和磨损过程的速度与许多因素有关，例如模具材料和被加工坯料的化学成分及机械性能，模具和坯料的表面粗糙度和表面状态（有无氧化膜，是否经表面处理）以及冲压加工过程中的压力、温度、速度、润滑等。模具钢的耐磨性，不仅取决于它的硬度，还决定于它的碳化物的性质、大小、分布和数量。

磨损机制对钢的磨损寿命及磨损形式的影响也很大。在静磨损条件下（薄板冲裁、拉延、弯曲），模具钢的含碳量越高，其耐磨性越好；在冲击磨损条件下（冷镦），模具钢中过多的碳化物不会提高其耐磨性，反而会降低其耐磨性。在实际生产中，采用Cr12MoV钢制作冷镦凹模时，其型腔表面易出现剥落（麻坑）及沟痕，改用基体钢（5Cr4Mo3SiMnVAl）后，在相同硬度下工作寿命大为提高，很少出现上述剥落现象。

1.5.3　模具的疲劳失效

疲劳失效是指在模具的某些部位，经过一定的使用期，萌生了细小的裂纹，并逐渐向纵深扩展。裂纹扩展到一定的尺寸后，严重削弱模具的承载能力而引起断裂。疲劳裂纹一般萌生于应力较大的部位，特别是有应力集中的部位（如尺寸过渡、缺口、刀痕、磨削裂纹等处）。

模具通常在高强度、低塑性状态下使用，在模具的微观疲劳断口上，很难观察到典型的疲劳条带，但是其宏观断口上往往呈现出贝纹形状。高碳高合金钢制造的模具，其疲劳断口往往出现粗糙的木纹状条纹，对宏观断口形貌的观察产生严重干扰。

模具发生疲劳损伤的根本原因是循环载荷。疲劳裂纹的萌生、扩展和许多因素有关。凡促进表面拉应力增大的因素,均加速疲劳裂纹的萌生。因此,在设计、制造、操作等环节,均应注意避免造成促进疲劳的因素。

1.5.4　模具的冷热疲劳失效

在急冷急热的条件下使用的热作模具,锻压数千次或数百次后,型腔表面出现许多细小的裂纹,其形状呈放射状、平行状,有的则连成网状,常称为"龟裂"。由于热疲劳裂纹的产生,使型腔表层有了膨胀、收缩的余地,热应力得以松弛,裂纹不会向纵深发展,一般仅数毫米。所以,热疲劳裂纹属于细小浅表裂纹,除了表面质量要求高的精锻模外,普通锻模出现热疲劳裂纹后仍能继续使用。但是,在机械应力继续作用下,加上继续氧化腐蚀,以及由于坯料的摩擦、挤入对裂纹所产生的扩张作用,可使裂纹继续向纵深扩展,能成为脆断和疲劳断裂的裂纹源。在这种断口的热疲劳开裂部分为氧化物所覆盖,呈深灰色,里面存着脱碳层。

影响模具热疲劳的因素主要有模具型腔表面的温度变化幅度(即循环温差),模具材料的抗氧化性、导热性和热膨胀系数。显然,循环温差越大,材料的热膨胀系数越大,则循环应力越大,越容易发生热疲劳。模具型腔表面的致密性氧化物层可阻缓继续氧化过程,但氧化层增厚以致破裂后,使露出基体金属并产生侵蚀沟,如图 1-11 所示。沟底的应力集中易使热疲劳裂纹萌生,沟底氧化物的不断产生和聚集,使它在循环热应力作用下起楔子的作用,大大加速裂纹的扩展。

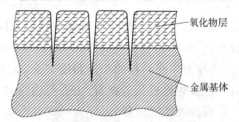

图 1-11　氧化膜破裂侵蚀沟形成示意图

锻压钢件的模具与坯料接触时,表层迅速升温到 $600 \sim 900$ ℃,而内层尚处于较低的温度。表面层受热而膨胀,但受内层的约束,会在表面产生压应力。压应力的数值一般均大于模具材料在该状态下的屈服强度,因而引起塑性变形。锻件脱模后,由于向模具表面喷洒冷却剂,使表面急剧冷却而收缩,当表面收缩受到约束时,便产生拉应力。模具表面层中的循环热应力,是引起冷热疲劳的根本原因。高温氧化、冷却水的电化学腐蚀以及坯料的摩擦作用,加速了冷热疲劳过程。因此,冷热疲劳过程是极其复杂的物理化学过程。

金属压铸模或精锻模,对表面粗糙度要求很低。这类模具一旦出现冷热疲劳裂纹,就不能继续使用。这些模具的使用寿命,主要取决于萌生冷热疲劳裂纹的时间。普通的锻模允许出现一定尺寸的冷热疲劳裂纹,这种模具的寿命,主要决定于冷热疲劳裂纹的萌生时间和扩展速度。当模具表面的温度较高,氧化作用较剧烈时,致密的氧化物覆盖层有助于阻缓氧化过程继续进行。

1.5.5　模具的断裂失效

模具在使用过程中出现大裂纹或分离为两部分或数部分,使模具立即丧失使用能力时,属于断裂失效。常见的断裂失效形式有折断、劈断、掉块、龟裂和深热裂等。

模具断裂失效的原因很多,常见的失效原因可分为 4 大类,每一类具体原因及影响因素如表 1-3 所示。除此外还有许多其他因素,在此不一一列举。

表 1-3　模具断裂原因

分　类	具体原因	影响因素
模具结构	应力集中	尺寸过渡不合理,圆角半径过小
	强度不足	承载面积过小
模具材料	选材不当	材料韧性太低,材料强度不足
	材质不良	材料有冶金缺陷
制造工艺	应力集中	圆角半径不合理,残留刀痕,磨削裂纹,锻造裂纹,热处理裂纹
	组织缺陷	晶粒粗大,表面脱碳,网状碳化物,流线分布不合理
操作方法	啃模	冲床精度不符合要求,模具安装不正确
	超载	坯料放置不正确,冲床刚度低
	模具表面呈现拉应力	模具冷却不当,工作温度太高发生回火转变

不同模具发生断裂的驱动力并不相同。冷作模具所受的作用力,主要是机械作用力(机械力)。热作模具所受的作用力,除机械作用力外,还有各种内应力,它包括热应力和组织应力,有许多热作模具的工作温度较高,又采用强制冷却,其内应力的数值可远远超过机械应力。许多热作模具的断裂,主要与内应力过大有关。

模具的断裂过程,可分为一次性断裂和疲劳断裂两类。模具在冲压时突然断裂,裂纹一旦萌生后即失稳扩展,称为一次性断裂。它的主要原因是严重超载或模具材料严重脆化(如过热、过烧、回火不足、严重的应力集中及严重的冶金缺陷等)。

模具在使用中,在应力最大处或应力集中处萌生微裂纹,在冲压力的作用下,微裂纹缓慢扩展,模具的有效承载面积逐渐缩小,直至外加应力超过模具材料的断裂强度,模具发生断裂。或是随裂纹的逐渐扩展,裂纹尖端的应力强度因子不断增大,直至超过材料的断裂韧性值时,裂纹发生失稳扩展,模具发生脆性断裂。

疲劳断裂为全过程,其寿命长短不一。通常冷作模具从萌生疲劳裂纹直到最后断裂,只需较短时间,这是由于冷作模具材料的断裂韧性较低所致。热作模具的尾部(不承受高温作用),如存在引起应力集中的因素。可能发生机械疲劳断裂。在热作模具的工作部分,如出现较大的热应力或组织应力,有可能发生一次性开裂。

1.6　模具的制作过程与模具材料的重要性

模具的制作过程如图 1-12 所示。一般说来,确定模具规格后,先进行模具设计、材料采购,然后进行粗加工、热处理、放电加工、精整加工、试模,并根据需要进行表面处理。这里的粗加工既有机械加工也有电火花加工。另外,如果材料是可省略热处理的预硬模具钢,则在粗加工后不进行热处理而直接进行精加工后即可交付使用。依照该制作过程来看,模具材料占模具制作费用的比例是多少呢？虽然因模具类型有所差异，但大多为 10%～20%。由此可见，模具的加工成本占总制作成本的比重很高，技术含量较高。

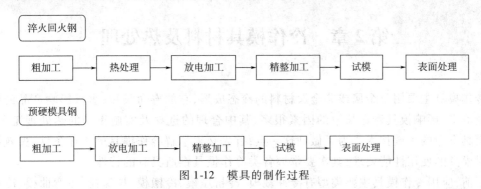

图 1-12　模具的制作过程

　　另外，模具材料决定着模具的完善程度和使用性能。尤其是塑料模具等，在产品成形表面（外观设计面）上常需要磨成镜面或皮纹，如果模具材料有质量问题，会造成最终产品不合格，若不能修复，还要返工。这样不仅会增加成本，而且会拖延制作工期。再有，一旦产品在使用过程中出现开裂、崩角或磨损现象，致使寿命远小于设计寿命，就更需要采取紧急措施。

　　尽管模具材料的费用只占总成本的 10%～20%，但它决定着模具的整体价值，因此应慎重地选用最合适的材料。另外，根据模具用途的不同，即使选用高质量的模具材料会增加成本，但在综合考虑成本后可能会降低成本。总而言之，模具材料的选用非常重要。

第2章　冷作模具材料及热处理

冷作模具主要用于金属或非金属材料的冷态成形,它的寿命长短,直接影响产品的生产效率及成本,影响模具寿命长短的因素很多,其中合理的选材及实施正确的热处理工艺,是保证模具寿命的关键技术。为了做到这一点,首先必须了解冷作模具的工作条件、失效形式以及对模具的使用性能要求;其次要掌握各类冷作模具钢所具有的特性。

目前,应用冷作模具主要类型有冷冲裁模、冷挤压模、冷镦模、拉深模、冷弯曲模、冷成形模等。由于各类模具的工作条件、失效形式不同,因而所用材料也不同。到目前为止,用于制造冷作模具的材料有冷作模具钢、硬质合金、铸铁、铜合金等,其中冷作模具钢应用最多,本章重点介绍此类材料的特性。

2.1　冷作模具材料性能要求及分类

2.1.1　冷作模具的工作条件

1. 冷冲裁模工作条件

冷冲裁模用于冷冲压加工的分离工序,主要是使各种板料冲切成形。模具的工作部位是凸模(冲头)、凹模的刃口,它们对板料施加压力,使板料经弹性变形、塑性变形,直至被剪断。刃口工作时受到压力及摩擦力的作用。根据被切板料的厚度,冷冲裁模分为薄板冲裁模(板厚≤1.5 mm)和厚板冲裁模(板厚>1.5 mm)两种。在冲裁软质薄板时,冲头的压力并不大,在冲裁中厚板时,尤其是在厚钢板上冲小孔时,冲头所承受的单位压力很大,对模具要求很高。

2. 冷弯曲模工作条件

冷弯曲模主要用于各种金属零件的弯曲成形,作用于模具的力量不是很大。但对有些模具的形状过于复杂而造成巨大的应力集中时,则要求具有高的断裂抗力。

3. 拉深模的工作条件

冷拉深模主要用于板材的冷拉深成形。模具在工作时,冲击力很小,单位面积的压力也不大,冷拉深模必须具有较低的表面粗糙度和耐磨性,为了保证产品的外观,模具表面不允许出现磨损痕迹。

在冷拉伸过程中,坯料的剧烈变形以及和型腔的摩擦,在某些微小区域,可积累起较高的温度,使坯料与型腔表面焊合并从坯料表面撕下一小块金属,黏附在型腔表面,成为"小瘤"。这些坚硬的"小瘤"将在产品的表面刻划出痕迹,降低产品的质量,此时需对型腔进行修磨,除去黏附的金属。拉深模的主要问题,就是在于如何防止黏附的金属小瘤,这种失效形式又称为黏模。在拉伸作业时,出现冷拉伸黏模的倾向性,与拉延坯料的化学成分、所使用的润滑剂及模具型腔的表面状况等因素有关。

4. 冷镦模的工作条件

冷镦模是在冲击力的作用下,凸模使金属棒料在凹模型腔内镦粗成形的冷作模具,主要用来加工各种形式的螺钉、铆钉、螺栓和螺母等的毛坯。图 2-1 为冷镦模的工作示意图。模具的上模是由凸模和模柄通过螺钉紧固而构成,下模是由凹模及凹模固定套和凹模固定板组成。当工件镦压成形后,由下模的杠杆通过推出机构将零件从凹模中顶出。

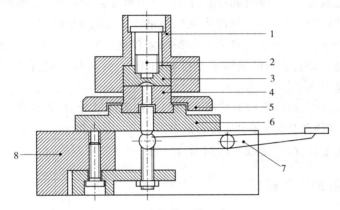

图 2-1 冷镦模工作示意图

1—模柄;2—螺钉;3—凸模;4—凹模;5—固定套;6—凹模固定板;7—杠杆;8—底座

在冷镦加工过程中,冲击频率高,可达 60～120 次/min,冲击力大。金属坯料受到强烈的镦击,同时,模具也同样受到短周期冲击载荷的作用。由于是在室温条件下工作,塑性变形抗力大,工作环境差,凸模表面承受巨大的冲击压力和摩擦力,凹模承受冲击性胀力,型腔表面还承受强烈的摩擦和压力。

5. 冷挤压模的工作条件

按照被挤压金属流动方向与凸模运动方向之间的关系,冷挤压可分为正挤压、反挤压和复合挤压三种,如图 2-2 所示。由图 2-2 可知,不论哪种挤压工艺,其挤压模具的工作零件都是凸模(冲头)和凹模。在模具的作用下,金属沿凸、凹模间隙或凹模模口流动,使原来的坯料成形为薄壁空心件或横截面较小的成品、半成品。

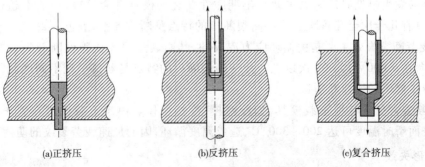

(a)正挤压   (b)反挤压   (c)复合挤压

图 2-2 冷挤压工艺分类示意图

冷挤压模成形时,凸模受到巨大的压应力,当毛坯端面不平整,凸模和凹模不同心时,凸模必然会受到弯曲应力的作用。此外,脱模时由于毛坯与凸模之间的摩擦,使凸模还受到拉应力的作用。因此,在多种作用力的叠加作用下,在凸模应力集中处,极易发生脆性断裂(折断、劈断等)。同时,凹模内壁受到变形金属的强烈摩擦,容易导致磨损。此外,凹模还受到切向应力的作用,有胀裂的可能。

冷镦模和冷挤压模都是使金属坯料(一般为非板料)在模具型腔内冷变形成形的模具。根据工作的形状、尺寸及形变量以及被加工材料的硬度、强度、加工硬化能力,模具的载荷也有很大的差别。总的看来,在冷镦和冷挤压中,冲头承受巨大的压力,凹模则承受巨大的胀力。由于金属在凹模中剧烈运动,使冲头和凹模的工作面受到剧烈的摩擦。这种摩擦及金属的剧烈变形将产生热量,致使模具表面的瞬时温度达 200～300 ℃。由此可见,冷镦模和冷挤压模的共同特点是要求凹模能够承受巨大的压力、胀力和摩擦,在工作时不变形、不开裂、不易磨损、不易折断。

在上述各类模具中,以冷镦模和冷挤压模的工作条件最苛刻,要求模具具有高的变形抗力、高的耐磨性和高的断裂抗力(包括疲劳断裂抗力)。冷冲裁模的工作条件也较为苛刻,要求模具具有高的耐磨性、高的韧性和高的断裂抗力(包括疲劳断裂抗力)。

2.1.2 冷作模具的失效形式

冷作模具主要的损伤形式为凹模和冲头的尖角及拐角接触导致的磨损、崩角及开裂。开裂又有以缺损为起点和以疲劳开裂为起点之分。此外,在冲裁(穿孔)时,有时也会因冲头强度不足而产生变形。其常见的失效形式有断裂失效、变形失效、磨损失效、咬合失效和啃伤失效等。

1. 断裂失效

断裂失效是指模具在使用过程中突然出现裂纹或发生破损而失效。按其损坏情况可分为局部破损(剥落、崩刃、掉牙等)和整体性破损(断裂、碎裂、胀裂、劈裂等)。它们的特点是大多数破损产生在受力最大的工作部位或是截面变化的应力集中处。

按其断裂过程的特征,断裂失效可分为脆性断裂失效和疲劳断裂失效两种形式。

(1)脆性断裂失效产生的主要原因为模具存在冶金缺陷,如带状组织和网状碳化物;模具有工艺缺陷,如晶粒粗大、表面磨削烧伤、粗糙刀痕、回火不足等;工作过程操作不当发生超载,也容易发生早期脆性断裂失效。早期脆性断裂的模具寿命很短,一般不超过数千次,有的甚至只有几十次至几百次。脆性断裂断口的特点是断口齐平,颜色一致。

(2)疲劳断裂失效主要是由循环应力造成的,其断裂过程要比脆性断裂失效缓慢得多,其模具寿命在 5 000～10 000 次以上。疲劳断裂断口的特点是断口呈现不同区域,可看到疲劳源、疲劳扩展区和快速断裂区。

疲劳断裂常见于各种重载模具,如冷镦模、冷挤压模。由于重载模具在施压变形过程中,模具表面瞬时温度可达 200～300 ℃,造成温度循环,因而加速疲劳裂纹的萌生。

2. 变形失效

模具在使用过程中发生塑性变形,失去原有的几何形状,通常发生在硬度偏低或淬硬层太薄的模具,具体表现为凸模镦粗、弯曲,凹模型腔下沉塌陷、棱角堆塌、模孔胀大等。

　　冷作模具出现塑性变形失效的主要原因:①模具材料的强度水平不高;②模具材料虽选择正确,但热处理工艺不正确,未充分发挥模具钢的强韧性;③冲压操作不当,发生意外超载。

　　冷作模具的塑性变形在室温下进行,是金属材料在室温下的屈服过程。冷作模具是否发生塑性变形,主要取决于机械载荷以及模具材料的室温强度。

3. 磨损失效

　　冷作模具在工作时,坯料沿着模具表面滑动,使模具与坯料间产生了很大摩擦力,造成模具表面被划出的凹凸痕迹,这些痕迹与坯料表面的凹凸不平处相咬合,在模具表面逐渐产生了机械破损而磨损。如果在凹凸模之间夹有细而硬的夹杂物(如氧化物等),将导致模具磨损加剧,以至于使模具和坯料表面刮伤或黏着等。

　　在模具中常遇到的磨损形式有磨料磨损、黏着磨损、腐蚀磨损和疲劳磨损等。

　　模具工作部分与被加工材料之间的摩擦引起的物质损耗,能使刃口变钝,棱角变圆,平面变凹或变凸,使模具的形状、尺寸发生变化,如冷冲裁模的刃口变钝、冷镦模的工作面出现沟槽等。图 2-3 所示为冲裁模具刃口的破坏过程。

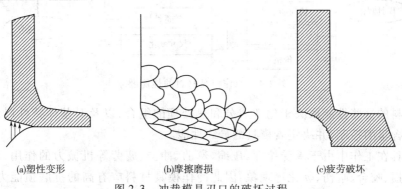

(a)塑性变形　　　　　　(b)摩擦磨损　　　　　　(c)疲劳破坏

图 2-3　冲裁模具刃口的破坏过程

4. 咬合失效

　　当坯料与模具表面接触时,在高压摩擦下,润滑油膜破坏,发生咬合。此时,金属坯料"冷焊"在模具型腔表面,后续加工的工件表面就会被冷焊在型腔表面的金属瘤划出道痕,使工件表面粗糙度增大,甚至出现沟槽。

　　在弯曲、拉深、冷镦冷挤压等作业中,咬合是最常见的一种失效形式。当工件表面出现划痕和拉沟时,模具必须进行研磨和抛光。在拉深作业中出现咬合现象时,模具需要进行修整。

　　被拉深材料的性质对咬合现象有很大影响,如镍基合金、奥氏体不锈钢、精密合金等,对模具表面有较强烈的咬合倾向。因此,在拉深上述材料时,应特别注意防止咬合失效。

5. 啃伤失效

　　当冲头与凹模直接碰撞时,将出现啃伤失效。其表现形式为模具刃口崩裂,使冲件的毛刺突然增大,一旦出现啃伤后,模具的修磨量剧增到 0.2 ~ 0.5 mm,才能去除损伤部分,恢复锐利的刃口。

2.1.3 冷作模具钢的性能要求

冷作模具材料的性能要求如图 2-4 所示。首先模具需要能承受机械加工中各种应力，即拉伸、压缩、扭转应力等。虽然是冷加工，但也会因加工变形热引起表面升温，所以模具材料有抗软化性，耐磨性基本上可认为与硬度成正比。另外，为抑制缺损（崩角）及随之而来的开裂，也需要模具材料具备一定的韧性。从模具制作角度考虑，模具材料还需要有切削加工性能、热处理性能、经济性等。

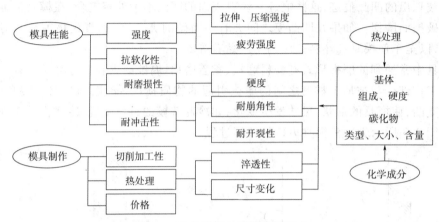

图 2-4 冷作模具材料的性能要求

模具材料的这些性能取决于化学成分和热处理的组合，以及对基体特性以及碳化物的类型、大小、含量的控制，并决定着模具的最终性能。

冷作模具在工作中由于承受拉深、压缩、弯曲、冲击、疲劳等机械力的作用，从而发生脆断、堆塌、磨损、咬合、啃伤、软化等现象，因此冷作模具材料应有高的抗磨损能力、抗断裂能力、抗疲劳能力和抗咬合能力等。

1. 冷作模具钢的使用性能

1）较高的耐磨性

冷作模具在工作时，表面与坯料之间产生许多次摩擦，模具在这种情况下必须仍能保持较低的表面粗糙度值和较高的尺寸精度，以防止早期失效。

由于模具材料的硬度和组织是影响模具耐磨性能的重要因素，因此为了提高冷作模具的抗磨性能，通常要求模具硬度高于加工件硬度 30%～50%，材料的组织为回火马氏体或下贝氏体，其上分布均匀、细小的颗粒状碳化物。要达到此目的，钢中的碳的质量分数一般都在 0.60% 以上。

2）较高的强度和韧性

模具的强度是指模具零件在工作过程中抵抗变形和断裂的能力。强度指标是冷作模具设计和材料选择的重要依据，主要包括拉伸屈服点、压缩屈服点等。屈服点是衡量模具零件塑性变形抗力的指标，也是最常用的强度指标。为了获得高的强度，在模具制造过程中，要选择合适的模具材料，并通过适当的热处理工艺来达到其要求。

模具材料的韧性,要根据模具工作条件来决定,对于强烈冲击载荷的模具,如冷作模具的凸模、冷镦模具等,因受冲击载荷较大,需要高的韧性。对于一般工作条件下的冷作模具,通常受到的是小能量多次冲击载荷的作用,模具的失效形式是疲劳断裂,因此模具不必具有过高的冲击韧度值。

3)较强的抗咬合性

咬合抗力实际就是对发生"冷焊"的抵抗能力。通常在干摩擦条件下,把被试验模具钢试样,与具有咬合倾向的材料(如奥氏体钢),进行恒速对偶摩擦运动,以一定速度逐渐增大载荷,此时转矩也相应增大。当载荷加大到某一临界值时,转矩突然急剧增大,这意味着发生咬合,这一载荷称为"咬合临界载荷"。临界载荷越高,标志着咬合抗力越强。表 2-1 所示为几种模具钢及其表面强化工艺的咬合临界载荷。

表 2-1 几种模具钢及其表面强化工艺的咬合临界载荷

试 样 材 料	W6Mo5Cr4V2	Cr12MoV	渗硫	离子氮化	VC 渗层	TiC 渗层	硬质合金
咬合临界载荷/N	15.7	22.6	23.5	41.2	71.6	73.6	75.5

4)受热软化能力

受热软化能力反映了冷作模具钢在承载时温升对硬度、变形抗力及耐磨性的影响。表征冷作模具钢受热软化抗力的指标主要有软化温度(℃)和二次硬化硬度(HRC),表 2-2 所示为常用几种冷作模具钢的受热软化抗力。

表 2-2 几种冷作模具钢的受热软化抗力

钢 号	T10A	CrWMn	9SiCr	Cr6WV	Cr12	Cr12MoV	高速钢
受热软化温度/℃	250	280	320	280	480	520	620
二次硬化硬度/HRC	—	—	—	56	58	60	62

受热软化温度为保持硬度 58 HRC 的最高回火温度,它反映钢种在常规热处理状态下,能保持模具常用的工作硬度所允许的极限温升。二次硬化硬度反映该钢种经热处理后,能否接受表面处理(如渗氮、液体氮碳共渗、离子渗氮等)。对高强韧性钢种,二次硬化硬度不应低于 60 HRC;对于高承载能力的钢种,二次硬化硬度不应低于 62 HRC 的水平。

2. 冷作模具钢的工艺性能要求

冷作模具钢的工艺性能,直接关系到模具的制造周期及制造成本。对冷作模具钢的工艺性能要求,主要有锻造工艺性、切削工艺性、热处理工艺性等。

1)锻造工艺性

锻造不仅减少了模具材料的机械加工余量,节约钢材,而且改善模具材料的内部缺陷,如碳化物偏析、减少有害杂质、改善钢的组织状态等。

为了获得良好的锻造质量,对可锻性的要求是热锻变形抗力低、塑性好、锻造温度范围宽,锻裂、冷裂及析出网状碳化物倾向小。

2)切削工艺性

切削工艺性是指可加工性和可磨削性。对可加工性的要求是切削力小、切削量大、刀具磨损小以及加工后模具表面光洁。冷作模具钢主要属于过共析钢和莱氏体钢,大多数切削加工都较困难,为了获得良好的切削加工性,需要正确进行热处理,对于表面质量要求较高的模具可选用含 S、Ca 等元素的易切削模具钢。

对可磨削性的要求是对砂轮质量及冷却条件不敏感,不易发生磨伤和磨裂。改善模具钢的可磨削性,可以通过在炼钢过程中加入变质剂(如 Si、Ca、稀土元素等)。

3)热处理工艺性

热处理工艺性主要包括:淬透性、淬硬性、耐回火性、过热敏感性、氧化脱碳倾向、淬火变形和开裂倾向等。

(1)淬透性和淬硬性。淬透性主要取决于钢的化学成分、合金元素含量和淬火前的组织状态。淬透性好的模具钢淬火时采用较缓和的冷却介质,就可以得到较深的硬化层。对于形状复杂的小型模具,采用高淬透性的模具钢制造,可以减少模具的变形和开裂;对于大截面、深型腔模具,选用高淬透性模具钢制造,淬火后心部也能得到良好的组织和硬度。

淬硬性主要取决于钢的含碳量,所以对要求耐磨性高的冷作模具,一般选用高碳钢制造。

(2)耐回火性。耐回火性是在回火过程中随着温度的升高,钢抵抗硬度下降的能力。回火温度相同,硬度下降少的钢耐回火性好。耐回火性越高,钢的热硬性越高,在相同的硬度下,其韧性也较好,一般对应受到强烈挤压和摩擦的冷作模具,也要求模具材料具有较高的耐回火性。

(3)过热敏感性。模具在加热过程中出现过热现象,会得到粗大的马氏体,降低模具的韧性,增加模具早期断裂的危险。所以对过热敏感性的要求是获得细晶粒、隐晶马氏体的淬火温度范围宽。

(4)氧化脱碳性。模具在加热过程中如果发生氧化脱碳现象,就会改变模具的形状和性能,严重降低模具的硬度、耐磨性和使用寿命,使模具早期失效,所以要求冷作模具钢的氧化脱碳性要小。对于容易发生氧化、脱碳的含钼量较高的模具钢,宜采用真空热处理、可控气氛热处理、盐浴热处理等,以避免模具钢氧化脱碳。

(5)淬火变形和开裂倾向。模具钢淬火变形、开裂倾向与材料成分、原始组织状态、工作几何尺寸及形状、热处理工艺方法及参数都有很大关系,模具设计选材时必须加以考虑。特别是一些形状复杂的精密模具,淬火后难以修整,这就要求材料淬火、回火后的变形程度要小,一般应选择微变形钢。

2.1.4 冷作模具钢的分类

冷作模具一直是应用广泛的一类模具,其产值占模具产值的 1/3 左右,采用的材料也很广泛。冷作模具材料按材料的类型可分为钢材、硬质合金、低熔点合金、高分子材料等。

目前冷作模具主要选用钢材,为了满足硬而耐磨的要求,冷作模具钢一般有较高的含碳量。加入 Cr、Mn、Si 等合金元素可提高钢的淬透性及强度,加入 W、V 等,可进一步提高钢的耐磨性,并防止加热时过热。

根据冷作模具钢的性能要求及形状尺寸,材料的选用有以下几种情况。

（1）工作时受力不大、形状简单、尺寸较小的模具，可用碳素工具钢制造。

（2）工作时受力一般、形状复杂或尺寸较大的模具，可用低合金工具钢（如 9Mn2V、9SiCr、9CrWMn、CrWMn、Cr2 等）制造。

（3）工作时受力大，要求高耐磨性、高淬透性、变形量小、形状复杂的模具，多用高碳高铬钢（Cr12、Cr12MoV 等）制造。现在又发展了几种 Cr12 型钢的代用钢（如 Cr6WV、Cr4W2MoV、Cr2Mn2SiWMoV 等），另外，也可选用高速钢、低碳高速钢（6W6Mo5Cr4V 等）和基体钢（化学成分相当于高速钢正常淬火后的基体成分的钢）来制造这类模具。

（4）在冲击条件工作，刃口单薄的模具，采用韧性较好的中碳合金工具钢（如 4CrW2Si、6CrW2Si 等）制造。

常用的冷作模具钢分类如表 2-3 所示。

表 2-3　常用冷作模具钢的分类

类　别	钢　号
碳素工具钢	T7A、T8A、T8Mn、T9A、T10A、T11A、T12A、T13A
低合金冷作模具钢	9SiCr、9Mn2V、9CrWMn、CrWMn DS（6CrNiWMoV）、GCr15、60Si2Mn、GD
高合金冷作模具钢	Cr12、Cr12MoV、Cr12Mo1V1、Cr5Mo1V、Cr6WV、LD、ER5、GM
高强度高耐磨冷作模具钢	W18Cr4V（W18）、W6Mo5Cr4V2（M2）、W12Mo3Cr4V3N（V3N）、W9Mo3Cr4V（W9）、6W6Mo5Cr4V（6W6）
基体钢	65Nb（6Cr4W3Mo2VNb）、LD（7Cr7Mo2VSi）、012Al（5Cr4Mo3SiMnVAl）、LM-1、LM-2
无磁模具钢	7Mn15、5Mn15、1Cr18Ni9Ti、7Mn10
硬质合金	WC 型：TLMW35、TLMW50、GW50、CJW50、YE50 TC 型：R5、R8、D1、GT35、ST60、YE65、YG6X、YG8、YG15、YG20、YG25

2.2　冷作模具钢及热处理要求

冷作模具钢只有经过热处理后才能充分发挥其综合力学性能，满足模具的工作要求，提高模具的使用寿命。本节将重点介绍各类模具钢的热处理。

2.2.1　碳素工具钢的热处理

碳素工具钢中碳的质量分数为 0.7% ~ 1.3%。常用的碳素工具钢有 T7A、T8A、T10A、T12A，其中 T7A 为亚共析钢，T8A 为共析钢，T10A、T12A 为过共析钢。碳素工具钢价廉易得，易于锻造成形，切削加工性能也比较好，热处理温度较低。其主要缺点是淬透性差，常规淬火的淬硬层较薄，淬火开裂变形倾向大，耐磨性和热强性都低。一般碳素工具钢只能用来制造精度要求不高、寿命要求不长的形状简单的小型冷作模具。

1. 化学成分

常用碳素工具钢的化学成分如表 2-4 所示。

表 2-4 常用碳素工具钢的化学成分

钢 号	化学成分(质量分数/%)			性能相对顺序			
	C	Mn	Si	淬透性	韧性	耐磨性	淬火工艺性
T7A	0.7	0.3	0.3	1	4	1	1
T8A	0.8	0.3	0.3	4	3	2	2
T10A	1.1	0.3	0.3	3	2	3	4
T12A	1.18	0.3	0.3	2	1	4	2

注:性能顺序按1到4,表示性能由低到高。

2. 锻造工艺规范

碳素工具钢热变形抗力低,锻造温度范围大,因而锻造工艺性能好。锻造工艺规范如表 2-5 所示。

表 2-5 常用碳素工具钢的锻造工艺规范

钢 号	始锻温度/℃	终锻温度/℃	冷 却 方 式
T7A、T8A	1 130 ~ 1 160	≥800	单件空冷或堆放空冷
T10A、T12A	1 100 ~ 1 140	800 ~ 850	冷却到 650 ~ 700℃后转入干砂、炉灰坑中缓冷

3. 预备热处理

碳素工具钢锻后空冷的组织一般为珠光体和碳化物。通常采用的预备热处理方法有球化退火和正火。经锻造后的模具毛坯需进行球化退火处理(见表 2-6),使其具有良好的力学性能,并为淬火做好组织准备。若退火前钢中存在较严重的网状碳化物,则需先进行正火处理(见表 2-7)。

表 2-6 碳素工具钢球化退火工艺规范

钢 号	相变点/℃		加热温度/℃	第一次保温时间/h	等温温度/℃	第二次保温时间/h	退火后硬度/HBS
	A_{c1}	A_{r1}					
T7A、T8A	730	700	750 ~ 770	1 ~ 2	680 ~ 700	2 ~ 3	163 ~ 187
T10A、T12A	730	700	750 ~ 770	1 ~ 2	680 ~ 700	2 ~ 3	179 ~ 207

表 2-7 碳素工具钢正火工艺规范

钢 号	A_{ccm}/℃	正火温度/℃	硬度/HBS	正 火 目 的
T7A	770(A_{c3})	800 ~ 820	229 ~ 285	促进球化,改进硬度,小于 165 HBS 时毛坯的切削性能最好
T8A	740	800 ~ 820	241 ~ 302	
T10A	800	830 ~ 850	255 ~ 321	加速球化和提高淬透性,消除网状碳化物
T12A	820	850 ~ 870	269 ~ 341	

4. 调质和去应力退火

为了得到表面粗糙度较好的模具加工表面和提高模具的精度,有些模具零件在机械加工前进行调质处理，以获得中等大小的球状碳化物，并使硬度控制在较小范围内。

碳素工具钢在机械加工后，为消除加工硬化和机械加工应力，以减少淬火变形和开裂，可在 600～650 ℃下保温 0.5～3 h 去应力退火。

5. 淬火及回火

碳素工具钢模具零件淬火后获得马氏体组织，使模具零件具有较高硬度和较好的耐磨性。淬火温度的高低对淬火后的模具质量有着重要影响。表 2-8 所示为碳素工具钢淬火及回火工艺规范。

表 2-8　碳素工具钢淬火及回火工艺规范

钢　号	淬　火			回　火		
	加热温度/℃	冷却介质	硬度/HRC	加热温度/℃	保温时间/h	硬度/HRC
T7	780～800	盐或碱的水溶液	62～64	140～160 160～180	1～2	60～62 58～61
	800～820	油或熔盐	59～61	180～200	1～2	56～60
T8A	760～770	盐或碱的水溶液	63～65	140～160 160～180	1～2	60～62 58～61
	780～790	油或熔盐	60～62	180～200	1～2	56～60
T10A	770～790	盐或碱的水溶液	63～65	140～160 160～180	1～2	62～64 60～62
	790～810	油或熔盐	61～62	180～200	1～2	59～61
T12A	770～790	盐或碱的水溶液	63～65	140～160 160～180	1～2	62～64 61～63
	790～810	油或熔盐	61～62	180～200	1～2	60～61

碳素工具钢淬透性低，工件大小差异很大。淬火冷却方式也分水冷、油冷、分级淬火、双介质淬火等。碳素工具钢淬火后存在较大内应力，韧性低，强度也不高，必须再经低温回火，使钢中的残余内应力消除，力学性能得到改善，模具才能应用。

6. 实际应用

用做冷冲裁模的碳素工具钢主要有 T7A、T8A、T10A、T12A。

T7A 为高韧性碳素工具钢，其强度及韧性都较高，适合制作易脆断的小型模具或承受冲击载荷较大的模具，如锤子、冲头等。

T10A 是最常用的钢种，是性能较好的代表性碳素工具钢，耐磨性也较高，经适当热处理后可得到较高的耐磨性、强度和一定韧性，适于制造切削刃口在工作时不变热的工具，如加工木材工具、手用或机用细木工具、拉丝模、冲模、冷镦模、小尺寸断面均匀的冷切边及冲孔模、低精度的钳工刮刀和锉刀等。

T8A 钢淬透性、韧性等均优于 T10A 钢，耐磨性也较高，适于制作小型拉拔、拉深、挤压模具。

T12A 钢对于要求高硬度和高耐磨性而对韧性要求不高的切边模等都可以采用。

2.2.2 低合金冷作模具钢的热处理

低合金冷作模具钢中碳的质量分数一般都较高（≥0.6%），是在碳素工具钢中加入适量的 Cr、Ni、Mo、Ti、W、V、Si、Mn 等元素冶炼而成，合金元素总的质量分数在 5% 以下，提高了过冷奥氏体的稳定性，降低了淬火冷却速度，减少了热应力、组织应力和淬火变形及开裂倾向，钢的淬透性也明显提高。常用的低合金冷作模具钢号有 CrWMn、9CrWMn、9Mn2V、GCr15、9SiCr、60Si2Mn、6CrNiMnSiMoV（GD）、7CrSiMnMoV（CH）等。

1. CrWMn 钢

CrWMn 钢具有高的淬透性，Cr 和 W 都是碳化物形成元素，并且 W 形成的碳化物比较稳定，在淬火加热时不易溶解，淬火后有较多的残余奥氏体，因此淬火变形小。此外 W 还有细化晶粒作用，从而使钢获得较好的韧性。但是 CrWMn 钢对网状碳化物比较敏感，常常是模具脆断、崩刃、剥落的主要原因。因此有网状碳化物的钢，必须根据其严重程度进行锻压、退火和淬火，并建议采用碳化物超细化处理工艺。

1）化学成分（见表 2-9）

表 2-9 CrWMn 钢的化学成分

成 分	C	Mn	Si	Cr	W	P	S
质量分数/%	0.9 ~ 1.05	0.8 ~ 1.10	0.15 ~ 0.35	0.9 ~ 1.20	1.2 ~ 1.6	≤0.030	≤0.03

2）锻造工艺规范（见表 2-10）

表 2-10 CrWMn 钢的锻造工艺规范

项 目	加热温度/℃	始锻温度/℃	终锻温度/℃	冷 却 方 式
钢 锭	1 150 ~ 1 200	1 100 ~ 1 150	800 ~ 850	先空冷，再缓冷
钢 坯	1 100 ~ 1 150	1 050 ~ 1 100	800 ~ 850	先空冷，再缓冷

注：为了降低或减轻碳化物的形成，锻造后尽可能快地冷却至 650 ~ 700 ℃，再缓冷（坑冷、砂冷或炉冷）。

3）预备热处理

（1）锻后退火：加热温度为 770 ~ 790 ℃，保温 1 ~ 2 h，炉冷至 550 ℃ 以下出炉空冷，硬度为 207 ~ 255 HBS。

（2）锻后等温退火：加热温度 770 ~ 790 ℃，保温 1 ~ 2 h；等温温度为 680 ~ 700 ℃，保温 1 ~ 2 h，炉冷至 550 ℃ 以下出炉空冷，硬度为 207 ~ 255 HBS。

（3）高温回火：加热温度为 600 ~ 700 ℃，炉冷或空冷，硬度为 207 ~ 255 HBS。其目的是用于消除冷变形加工硬化，消除切削加工内应力。二次淬火的模具亦须先经高温回火。

（4）正火处理：加热温度为 960 ~ 980 ℃，空冷，硬度为 388 ~ 541 HBS。其目的是细化钢的晶粒和消除网状碳化物。

（5）调质处理：加热温度为 840 ~ 860 ℃，油冷；回火温度为 660 ~ 680 ℃，保温 2 ~ 3 h，炉冷或空冷，硬度为 207 ~ 255 HBS。其目的是用于降低切削加工后的表面粗糙度值。

4）常规淬火及回火工艺

淬火温度为 820 ~ 840 ℃，采用热油冷却或硝盐分级淬火；回火温度为 180 ~ 200 ℃，硬度为 60 ~ 62 HRC，在 250 ~ 350 ℃区域内回火时有回火脆性。油淬直径为 40 ~ 60 mm 的工件可以淬透。

5）CrWMn 钢双细化热处理工艺

CrWMn 钢碳化物偏析和二次碳化物网的形成，常常导致模具零件断裂、崩刃。为了改善 CrWMn 钢中碳化物的粒度和分布，减轻甚至消除碳化物偏析的影响，推荐采用碳化物超细化热处理工艺。

（1）固溶处理：固溶温度为 1 050 ℃，淬入热油或在 300 ℃左右等温处理。高温回火，温度为 700 ~ 720 ℃。

（2）最终热处理的淬火温度比常规工艺低 20 ~ 40 ℃（790 ℃油淬），可以获得超细化的碳化物和被细化了的马氏体晶粒。回火温度根据模具技术要求在 250 ℃以下选择适宜温度。

双细化热处理工艺可以使模具的使用寿命成倍提高，解决了长期困扰模具行业的 CrWMn 钢模具脆断和崩刃的难题。

6）实际应用

CrWMn 钢的硬度、强度、韧性、淬透性及热处理变形倾向均优于碳素工具钢，主要用于制造型腔复杂、耐磨性好的高精度冷冲模，轻载拉伸模及弯曲翻边模等。

2. GCr15 钢

GCr15 钢是一种轴承专用钢，与碳素工具钢相比添加了一定量的 Cr 元素，Cr 的主要作用是提高淬透性，形成碳化物，提高强韧性和耐磨性。

1）化学成分（见表 2-11）

表 2-11　GCr15 钢的化学成分

成　分	C	Si	Mn	Cr	P	S
质量分数/%	0.95 ~ 1.05	0.15 ~ 0.35	0.25 ~ 0.45	1.4 ~ 1.65	≤0.025	≤0.025

与 GCr15 钢相近的国外钢号有美国 AISI L3、德国 DIN W-Nr. 1.2067、法国 NF 100Cr6 等。

2）锻造工艺规范（见表 2-12）

表 2-12　GCr15 钢的锻造工艺规范

项　目	加热温度/℃	始锻温度/℃	终锻温度/℃	冷却方式
钢　锭	1 150 ~ 1 200	1 100 ~ 1 150	800 ~ 850	先空冷至 700 ℃再缓冷
钢　坯	1 080 ~ 1 120	1 050 ~ 1 100	800 ~ 850	先空冷至 700 ℃再缓冷

3）预备热处理

（1）球化退火：缓慢加热到 770 ~ 790 ℃，保温 2 ~ 3 h，再在 680 ~ 700 ℃下，等温 4 ~ 5 h，

炉冷到 550 ℃ 以下出炉,退火后硬度≤229 HBS。若锻后组织中存在粗大的碳化物网,在球化退火前需进行正火处理来消除。

（2）高温回火:加热温度为 600 ~ 700 ℃,保温 2 ~ 3 h,炉冷或空冷,硬度为 187 ~ 229 HBS,其目的是消除淬火前切削加工应力。

（3）正火处理:加热温度为 930 ~ 950 ℃,工件内外到达设定温度后空冷,硬度为 302 ~ 388 HBS,用于细化过热钢的晶粒和消除网状碳化物。

4）淬火及回火

淬火加热温度:830 ~ 850 ℃,热油或硝盐分级冷却。对于大截面工件或分级淬火时可以选择 850 ℃ 以上加热。超细化处理的工件,淬火温度适当降低 20 ~ 40 ℃。

回火温度一般取 150 ~ 160 ℃,硬度 60 ~ 62 HRC。对于要求较高韧性的模具,回火温度可提高到 250 ℃ 左右,回火后硬度为 55 ~ 60 HRC。

5）等温淬火

GCr15 钢 Ms 点在 235 ℃ 左右,等温温度一般取 240 ~ 300 ℃,回火温度为 160 ~ 180 ℃,硬度为 58 ~ 62 HRC。这样可以获得贝氏体和马氏体混合组织,可以有效地提高 GCr15 的综合力学性能。

6）实际应用

CGr15 钢经适当热处理后可以获得高硬度、高强度和良好的耐磨性,并且淬火变形小。在模具制造中多用于制造拉丝模和冷镦模等模具。

3. 9SiCr 钢

9SiCr 钢中含有 Si 和 Cr,所以具有高的淬透性和淬硬性,并且具有较高的回火稳定性,适于分级淬火和等温淬火,这对于防止模具发生淬火变形极为有利。Si 的作用是固溶强化作用,细化碳化物,提高回火稳定性。9SiCr 钢易消除网状碳化物且使碳化物细小分布。9SiCr 钢的缺点是易氧化脱碳,淬火加热时应加以注意。

1）化学成分（见表 2-13）

表 2-13　9SiCr 钢的化学成分

成　　分	C	Si	Mn	Cr	P	S
质量分数/%	0.85 ~ 0.95	1.2 ~ 1.60	0.30 ~ 0.60	0.95 ~ 1.25	≤0.030	≤0.030

与其相类似的国外钢号有德国 DIN 90SiCr、俄罗斯 9XC 等。

2）锻造工艺规范（见表 2-14）

表 2-14　9SiCr 钢的锻造工艺规范

项　　目	加热温度/℃	始锻温度/℃	终锻温度/℃	冷 却 方 式
钢　　锭	1 150 ~ 1 200	1 100 ~ 1 150	800 ~ 880	缓冷（砂冷或坑冷）
钢　　坯	1 100 ~ 1 150	1 050 ~ 1 100	800 ~ 850	缓冷（砂冷或坑冷）

3) 预备热处理

(1) 球化退火工艺：加热温度为 790 ~ 810 ℃，保温 2 ~ 4 h 后缓冷到 550 ℃ 以下出炉空冷，硬度为 197 ~ 241 HBS。

(2) 等温球化退火工艺：加热温度为 790 ~ 810 ℃，保温 2 ~ 4 h，在 700 ~ 720 ℃，等温 3 ~ 4 h，炉冷到 550 ℃ 以下出炉，硬度为 197 ~ 241 HBS。

(3) 高温回火：加热温度为 600 ~ 700 ℃，保温 2 ~ 4 h，炉冷或空冷，硬度为 187 ~ 229 HBS。其目的是消除冷变形加工硬化。

(4) 正火处理：加热温度为 900 ~ 920 ℃，空冷，硬度为 321 ~ 415 HBS。用于细化过热钢的晶粒和消除网状碳化物。

(5) 调质：加热温度为 880 ~ 900 ℃，回火温度为 680 ~ 700 ℃，保温 2 ~ 4 h，炉冷或空冷，硬度为 197 ~ 241 HBS。

采用锻造余热淬火和高温回火的超细化处理工艺取代等温球化退火，可获得均匀而细小的点状碳化物，基本可以消除碳化物偏析和液析。最终热处理可采用亚温加热等温淬火工艺，可获得双细化的淬火组织，从而提高模具的综合力学性能，提高模具的使用寿命。

锻后余热(880 ~ 900 ℃)油淬后，回火温度为 700 ℃，保温 2 ~ 4 h 后空冷。

4) 淬火及回火

淬火加热温度为 860 ~ 880 ℃，油冷，淬后硬度为 62 ~ 64 HRC。

回火温度为 180 ~ 200 ℃，硬度为 60 ~ 62 HRC，回火脆性区为 210 ~ 275 ℃，应避免此温度区间回火。

中等载荷模具零件，回火温度为 280 ~ 320 ℃，硬度为 56 ~ 58 HRC。

要求韧性较高的模具，回火温度为 350 ~ 400 ℃，硬度为 54 ~ 56 HRC。

5) 实际应用

9SiCr 钢用于制造冷冲裁模、拉丝模、打印模、搓丝模等。

4. GD 钢(6CrNiMnSiMoV)

GD 钢是一种碳化物偏析小而淬透性高的高强韧性钢。它的合金化特点是在 CrWMn 的基础上适当降低含碳量，去除 W，以减少碳化物偏析，同时增加 Ni、Si，以加强基体的强度和韧性；含有少量的 Mo 和 V 可以细化晶粒，提高淬透性和耐磨性，增加耐回火性，Cr 的主要作用是提高淬透性。GD 钢具有足够的淬硬性，淬火温度低，温度区间宽，通过最佳热处理工艺，可以使 GD 钢获得较多的板条马氏体，碳化物细小而均匀，尤其适合中小热处理企业的热处理条件。它可以取代 CrWMn 钢和部分 Cr12MoV 钢制造各种形状，细长薄片冷冲凸模、形状复杂的大型凸凹模、中厚板冲裁模、精密淬硬塑料模具等，模具寿命大幅度提高，具有显著的经济效益。

1) GD 钢化学成分(见表 2-15)

表 2-15 GD 钢的化学成分

成　分	C	Si	Mn	Cr	Ni	Mo	V	P	S
质量分数/%	0.64 ~ 0.74	0.5 ~ 0.9	0.7 ~ 1.0	1.0 ~ 1.3	0.7 ~ 1.0	0.3 ~ 0.6	0.20	≤0.030	≤0.030

同国外类似的钢号有美国 L6,德国 75CrMoNiW6 等。

2)锻造工艺规范(见表 2-16)

表 2-16　GD 钢锻造工艺规范

加热温度/℃	始锻温度/℃	终锻温度/℃	冷 却 方 式
1 080 ~ 1 120	1 040 ~ 1 060	≥850	缓冷

GD 钢锻造温度区间宽,热塑性好,变形抗力小,可以一次成形。锻后应缓冷,并立即退火。

3)预备热处理

等温球化退火:GD 钢属于空冷微变形模具钢,退火不易软化。推荐采用等温球化退火工艺,可取得较好的工艺效果。加热温度为 760 ~ 780 ℃,保温 2 h,等温温度 680 ℃保温 6 h,炉冷到 550 ℃出炉空冷。

4)淬火及回火

GD 钢最佳热处理工艺:淬火温度为 870 ~ 930 ℃,油冷,硬度为 62 ~ 64 HRC,回火温度为 175 ~ 230 ℃,硬度为 60 ~ 62 HRC。

不同淬火温度淬火后的硬度、残留奥氏体量和晶粒度如表 2-17 所示。

表 2-17　GD 钢淬火后硬度、晶粒度和残余奥氏体量的关系

淬火温度/℃	840	870	900	930	960	1 000
油冷、硬度/HRC	66.0	66.0	66.0	66.0	66.0	65.0
晶粒度/级	12	12	10 ~ 11	10 ~ 11	9 ~ 10	6 ~ 7
残留奥氏体(体积分数)/%	11.4	13.5	13.8	16.6	20.2	—

GD 钢与 CrWMn 钢、Cr12MoV 钢的力学性能对比如表 2-18 所示。

表 2-18　GD 钢与 CrWMn 钢和 Cr12MoV 钢的力学性能对比

钢　号	热处理工艺	硬度/HRC	抗弯强度 σ_{bb}/MPa	挠度 f/mm	抗压屈服强度 σ_{sc}/MPa	C 形缺口试样冲击韧度 α_k/(J/cm²)	多冲周次(能级为 2.15J)/N
GD	900 ℃油淬、200 ℃回火	61	4 388	3.06	2 674	149.1	8 895
CrWMn	840 ℃油淬、200 ℃回火	61	3 777	2.90	2 668	76.5	6 413
Cr12MoV	1 020 ℃油淬、200 ℃回火	61	2 580	2.30	2 667	44.1	4 105

由表 2-18 中可以看出,GD 钢的强韧性明显高于 CrWMn 和 Cr12MoV 钢,同时进行耐磨试验,结果表明 GD 钢的耐磨性高于 CrWMn 钢,低于 Cr12MoV 钢。

5)等温淬火

淬火温度为 870 ℃,等温温度为 260 ℃,时间为 1.5 h,可获得体积分数为 15% 的下贝氏体和马氏体基体;然后在 180~200 ℃回火 2 h。GD 钢马氏体基体上分布适量下贝氏体,能抑制裂纹扩展,提高强韧性的良好效果,是进一步挖掘材料潜力的有效途径。

2.2.3 高合金冷作模具钢的热处理

高合金冷作模具钢主要是高碳高铬钢和高碳中铬钢,在冷作模具钢中应用最多、最广泛的钢号有 Cr12、Cr12MoV、Cr12Mo1V1、Cr5Mo1V 和 Cr6WV 等,以及新研制的耐磨钢 LD、ER5、GM 钢,这类钢大部分是莱氏体钢,淬透性极高,具有微变形性,在空气中即可淬硬,热处理后可获得高的耐磨性、抗弯强度和热稳定性。

Cr12 型钢属于莱氏体钢,在冷作模具钢应用中要占 50% 以上。钢中含有大量 Cr 元素,主要形成 $(Cr、Fe)_7C_3$ 型化合物,而渗碳体型碳化物极少。Cr 的主要作用是提高淬透性,增强耐磨性。Mo 的作用是减轻碳化物偏析并提高淬透性,V 的作用是细化晶粒增加韧性。模具截面尺寸为 300~400 mm 时,油冷都可淬透。

1. Cr12 钢化学成分

Cr12 钢的化学成分如表 2-19 所示。

表 2-19　Cr12 钢的化学成分(质量分数/%)

钢　号	C	Si	Mn	Cr	Mo	V	P	S
Cr12	2~2.3	≤0.40	≤0.40	11.5~13.0	—	—	≤0.030	≤0.030
Cr12MoV	1.45~1.70	≤0.40	≤0.40	11.0~12.5	0.40~0.60	0.15~0.30	≤0.030	≤0.030

与 Cr12 钢相似的国外钢号有美国 AISI D3、D6,奥地利百禄 K100,日本日立 CRD,日本 JIS SKD1 等。

2. 锻造及退火

1)锻造及改锻的必要性

Cr12 冷作模具钢规格越大,碳化物不均匀度越严重,不仅易产生淬火变形及开裂,而且会使热处理后的力学性能变坏,尤其是横向性能下降更多,严重影响模具的使用寿命。因此对 Cr12 莱氏体钢,必须进行锻造以改善碳化物的不均匀性,保证模具的强度、韧性和使用寿命。

锻造使钢中碳化物的不均匀性、强韧性提高,并在模具中形成合理的流线排列,使各方向淬火变形趋向一致。因此,对于精密模具和重载模具的毛坯,必须进行合理的改锻,这不仅关系到制造加工的效率和热处理质量,而且明显提高模具使用寿命。

2)锻造工艺与实际操作

一般 Cr12 冷作模具钢锻造温度为 1 100~1 150 ℃,终锻温度为 850~900 ℃,实际操作时一定要严格按照锻造工艺规范。锻锤吨位的选择应依据锻造毛坯的尺寸与重量。

锻造工艺的关键是毛坯加热温度和保温时间。温度低、时间短、透烧不足或变形抗力太大,都会产生锻件内裂或裂纹;而加热温度过高,会使毛坯过热或过烧,导致锻打碎裂而报废;保温时间长,会造成晶粒长大及表面严重脱碳。加热时要先预热,再逐渐升温,注意工件放置的位置要适当,应注意翻料,以使加热均匀。锻打时坚持多向镦拔,锻后注意缓冷并及时退火。

3. 预备热处理

Cr12 型钢一般采用等温退火工艺。加热温度为 850 ~ 870 ℃,保温 2 ~ 3 h,等温温度为 720 ~ 740 ℃,保温 2 ~ 4 h,炉冷至 500 ℃ 以下出炉空冷。退火后硬度 ≤255 HBS,组织为粒状珠光体和碳化物。

4. 稳定化热处理

对于形状复杂的精密模具,在机械加工后可进行一次稳定化处理,其目的是消除机械加工应力,减少模具零件热处理变形。

加热温度为 630 ~ 680 ℃ 或 720 ~ 750 ℃。

5. 淬火及回火

1)一次硬化法淬火

Cr12 钢:加热温度为 950 ~ 980 ℃,油冷,硬度 ≥60 HRC;

Cr12Mol V1(含 Cr12Mov)钢:加热温度为 980 ~ 1 040 ℃,油冷,硬度为 60 ~ 65 HRC。

采取以上淬火的模具一般多进行低温回火。主要适用于要求高硬度、高耐磨性、变形较小、对热硬性无要求的承受重载荷、形状复杂的模具。

2)二次硬化法淬火

用较高的温度淬火,淬火后残留奥氏体较多,硬度较低,必须多次回火后才能获得高硬度。

(1)推荐淬火工艺。

Cr12 钢:加热温度为 1 050 ~ 1 100 ℃,硬度为 40 ~ 50 HRC。

Cr12MoV 钢:加热温度为 1 100 ~ 1 120℃,硬度为 40 ~ 50 HRC。

(2)回火工艺。模具在 500 ~ 520 ℃ 之间回火三次,每次 1 ~ 1.5 h,可获得高硬度,回火后的硬度为 60 ~ 63 HRC。

高温淬火的工件耐磨性好、热硬度高,但晶粒粗大、韧性差,而且变形大。

由于二次硬化可以获得一定的热硬性,适用于在 400 ~ 450 ℃ 工作的模具或需进行渗氮处理的模具。

Cr12 模具钢淬火加热前一般需 500 ~ 550 ℃ 预热 30 ~ 60 min;淬火温度超过 1 000 ℃ 的模具,淬火前应经二段预热(550 ℃、850 ℃),以保证模具内外加热均匀,防止模具淬火后变形与开裂。

对 Cr12 钢要采用哪种热处理工艺要根据具体情况而定。如对 Cr12MoV 钢(见表 2-20)采用低温淬火(950 ~ 1 000 ℃)及低温回火(180 ~ 200 ℃),可获得高硬度及高韧性,但抗压强度较低;采用高温淬火(1 100 ℃)及高温回火(500 ~ 520 ℃),可获得较高硬度及高抗压强度,但韧性太差;采用中温淬火(1 030 ℃)及中高温回火(400 ℃),可获得最好的韧性,较高的断裂抗力。另外采用 400 ℃ 回火还可预防电火花线切割裂纹和磨削裂纹,400 ℃ 回火后的硬度一般为 54 ~ 58 HRC。

表 2-20 Cr12MoV 钢淬火与回火工艺规范

方 案	预热温度/℃	淬火温度/℃	淬火介质	回火用途	回火温度/℃	硬度/HRC
I	第一次预热 550~600 第二次预热 840~860	1 020~1 040	油或硝盐	消除应力	150~170	61~63
II				消除应力 降低硬度	200~275	57~59
III					400~425	55~57
IV		1 115~1 130		消除应力及 形成二次硬化	510~520 多次回火	60~61
V					-78℃深冷处理+510~520℃一次回火	60~61
VI					-78℃深冷处理+510~520℃一次回火,再一次-78℃深冷处理	61~62

一次硬化法是在较低温度淬火,然后低温回火。回火温度主要根据对模具的硬度,韧性及变形量等的要求而定。当模具要求硬度(>60 HRC)和高耐磨性并尽量保持淬火状态的尺寸时,用 150~170 ℃回火。此时马氏体分解析出碳化物,导致体积收缩,硬度少有降低;当模具在工作中要承受较大冲击载荷或要求尺寸比淬火状态大些时,在 450 ℃左右回火,此时碳化物开始球化、粗化、硬度降低(55~57 HRC),韧性提高,同时有少量参与奥氏体转变为马氏体,使体积膨胀。300~375 ℃为 Cr12 钢的回火脆性区,应注意避开。一次硬化法使钢具有高的硬度和耐磨性,较小的热处理变形,适用于承受重负荷,形状复杂的模具。Cr12型钢冷作模具大多采用此工艺。

二次硬化法是在较高温度下淬火,随后在 500~520 ℃回火两三次,采用此法时,淬火后由于钢中存在大量的残余奥氏体,因而硬度较低(40~50 HRC)。经多次回火后,残余奥氏体转变为马氏体,产生二次硬化现象时硬度升高到 60~63 HRC。采用二次硬化法可获得一定的热硬性,但因淬火温度高,晶粒粗大,韧性较低,热处理变形较大,故仅适用于在 400~450 ℃工作的模具或需进行氮化处理的模具。

6. 等温淬火

Cr12 模具钢采用等温淬火,即在 250~280 ℃温度下的硝盐槽中等温一定时间后空冷,可以获得马氏体、下贝氏体、残留奥氏体和碳化物的混合组织,然后再经 180~400 ℃的回火,可获得需要的性能。等温淬火可有效地提高钢的韧性,延长模具使用寿命。

此外,Cr12 模具钢在淬火回火后可采用渗氮热处理进一步强化。渗氮温度为 500~520 ℃。

7. 实际应用

Cr12 模具钢是应用范围最广、数量最大等冷作模具钢,几乎所有的冷作模具中都有应用。

2.2.4 高强度高耐磨冷作模具钢的热处理

高速钢具有很高的硬度、抗压强度和耐磨性,采用低温淬火、快速加热淬火等工艺措施可以有效地改善其韧性,因此越来越多地用于制造重载荷、高寿命的冷作模具。常用的钢号有 W18Cr4V(W18)、W6Mo5Cr4V2(M2)、W12Mo3Cr4V3N(V3N)、W9Mo3Cr4V(W9),以及提高韧性而研制的降碳降钒高速钢 6W6Mo5Cr4V(6W6),这些钢在制造重载荷的冷作模具方面获得了良好的使用效果。

1. 化学成分

几种典型冷作模具的高速钢化学成分如表 2-21 所示。

表 2-21 几种典型冷作模具的高速钢化学成分(质量分数/%)

钢 号	C	Si	Mn	W	Mo	Cr	V	P	S
W18Cr4V	0.7 ~ 0.8	0.2 ~ 0.4	0.1 ~ 0.4	17.5 ~ 19.0	≤0.30	3.8 ~ 4.4	1.0 ~ 1.40	≤0.030	≤0.030
W6Mo5Cr4V2	0.8 ~ 0.9	0.2 ~ 0.45	0.15 ~ 0.4	5.5 ~ 6.75	4.50 ~ 5.50	3.8 ~ 4.4	1.75 ~ 2.20	≤0.030	≤0.030
W12Mo3Cr4V3N	1.15 ~ 1.25	≤0.4	≤0.4	11.0 ~ 12.5	2.7 ~ 3.7	3.5 ~ 4.1	2.5 ~ 3.1	≤0.030	≤0.030
6W6Mo5Cr4V	0.55 ~ 0.65	≤0.40	≤0.6	6.0 ~ 7.0	4.5 ~ 5.5	3.7 ~ 4.3	0.7 ~ 1.1	≤0.030	≤0.030

2. 工艺性能

1)锻造

钢厂供应的高速钢材,虽经轧制或锻造,但碳化物的分布仍然不均匀,其大截面钢材,碳化物往往呈现严重的带状及网状,降低了钢热处理后的基体硬度、强度和韧性。因此,用于制造模具钢的高速钢材,都有经过改锻,并通过反复镦粗和拔长来改善碳化物的分布。几种典型高速钢的锻造工艺如表 2-22 所示。

表 2-22 几种典型高速钢的锻造工艺

钢 种		加热温度/℃	始锻温度/℃	终锻温度/℃	冷 却 方 式
W18Cr4V	钢锭	1 220 ~ 1 240	1 120 ~ 1 140	≥950	砂冷或堆冷
	钢坯	1 180 ~ 1 220	1 120 ~ 1 140	≥950	砂冷或堆冷
W6Mo5Cr4V2	钢锭	1 180 ~ 1 190	1 080 ~ 1 100	≥950	砂冷或堆冷
	钢坯	1 140 ~ 1 150	1 040 ~ 1 080	≥900	砂冷或堆冷
W12Mo3Cr4V3N	钢锭	1 180 ~ 1 200	—	≥950	缓冷
	钢坯	1 160 ~ 1 180	—	≥950	缓冷
6W6Mo5Cr4V	钢锭	1 140 ~ 1 180	1 150 ~ 1 100	≥900	坑冷缓冷
	钢坯	1 100 ~ 1 140	1 100 ~ 1 050	≥850	坑冷缓冷

2)退火

(1)普通软化退火:加热温度为 840 ~ 860 ℃,保温 2 ~ 4 h,炉冷至 500 ℃以下出炉空冷。

(2)等温球化退火:加热温度为 840 ~ 860 ℃,保温 2 ~ 4 h,炉冷至 740 ~ 760 ℃,保温 4 ~ 6 h,炉冷至 550 ℃以下出炉空冷。

高速钢退火是为了降低硬度,以利于切削加工,也是为淬火做组织准备和消除锻造加工中产生的内应力。高速钢退火温度不宜过高,否则不仅不能进一步降低钢的硬度,反而会增加氧化和脱碳倾向。

3)淬火

根据模具使用条件不同,对 W18Cr4V 钢推荐淬火加热温度为 1 200 ~ 1 240 ℃,W6Mo5Cr4V2 钢推荐淬火加热温度为 1 150 ~ 1 200 ℃,6W6Mo5Cr4V 钢推荐淬火加热温度为 1 180 ~ 1 200 ℃。

高速钢模具淬火加热系数一般为 8 ~ 16 s/mm,具体保温时间与多种因素有关。淬火加热温度高,则保温时间可缩短(低温淬火则需延长保温时间);大型模具选用小的加热系数,小型模具则选用大的加热系数,但最少的加热时间不应低于 2min。

4)回火

淬火后高速钢的组织处于不稳定状态,内应力高,脆性大,故必须进行回火。在 500 ~ 600 ℃之间回火时,会析出高度弥散的钼、钒、钨的碳化物(Mo_2C、VC、W_2C)。550 ~ 575 ℃ 是 VC 析出最强烈的温度区,此区间回火后硬度最高,即发生了所谓的"二次硬化"现象;当回火温度超过 600 ℃时,钢的硬度下降。高速钢必须经过三次以上回火,经三次回火后硬度达 64 HRC 以上。

5)淬火及回火注意事项

为了减少淬火变形及开裂,淬火时必须进行预热,预热温度为 800 ~ 850 ℃,预热时装炉量大小与模具形状也是考虑的因素,预热时间取淬火保温时间的 2 ~ 3 倍。

如需二次淬火时,必须预先再次进行退火。

回火必须三次以上,对大尺寸或以等温淬火的模具甚至进行 4 次回火处理,决不能用一次较长时间的回火操作代替多次短时间的回火操作。

3. 实际应用

高速钢因具有良好的力学性能以及能承受高压力和高弯曲负荷的能力,常被用作冷作模具的工作零件,如冲头、冲裁模的刀片、冷挤压模和冷镦模的凹模等。

2.2.5　高强韧性冷作模具钢的热处理

Cr12 钢和高速钢具有较高的强度、硬度和耐磨性,但其韧性不足;低合金模具钢虽有较高的韧性和塑性,但强度、热硬性和耐磨性不足。理想的模具材料是既有高的强度、热硬性、耐磨性,又有较好的韧性和塑性。近年来研究成功的基体钢基本具有这种特性。

所谓的基体钢是指其化学成分与普通高速钢正常淬火后基体成分类同的钢。碳质量分数一般为 0.5% ~ 0.7%,合金元素质量分数在 10% ~ 20% 范围内,在具有一定的耐磨性和硬度的前提下,抗弯强度和韧性得到显著改善。

本节主要介绍三种基体钢,分别是 65Nb(6Cr4W3Mo2VNb)、LD(7Cr7Mo2VSi)、012Al(5Cr4Mo3SiMnVAl)钢。

1. 65Nb(6Cr4W3Mo2VNb)钢

65Nb(6Cr4W3Mo2VNb)钢是以 W6MoCr4V2 高速钢为母体,在其淬火基体成分的基础上适当增加含碳量,并加入适量 Nb 的改型基体钢。Nb 的作用是细化晶粒、提高韧性和改善工艺性能。

1)化学成分(见表 2-23)

表 2-23　65Nb 钢的化学成分

成　　分	C	Si	Mn	Cr	Mo	V	Nb	P	S
质量分数/%	0.60 ~ 0.70	≤0.40	0.30 ~ 0.60	3.80 ~ 4.40	1.80 ~ 2.50	0.8 ~ 1.20	0.2 ~ 0.35	≤0.030	≤0.030

2)锻造工艺规范(见表 2-24)

表 2-24　65Nb 钢锻造工艺规范

加热温度/℃	始锻温度/℃	终锻温度/℃	冷却方式
1 120 ~ 1 150	1 100	900 ~ 850	缓冷

65Nb 钢锻造性能良好,但应缓慢加热,以保证透烧。对锻坯尤其是大规格坯料,应进行改锻并反复镦拔。对于带刃口的模具,如切边模,经反复镦拔后,基本上克服了刃口剥落现象,寿命比拔长的模具长 4 ~ 5 倍,这说明锻造工艺对模具钢的寿命有显著影响。

3)退火

退火工艺:加热温度为 850 ~ 870 ℃,保温 3 h,炉冷至 730 ~ 750 ℃,保温 6 h 后炉冷。退火后硬度为 217 HBS。如果将等温时间由 6 h 延长到 9 h,则硬度可以降低到 187 HBS,有利于冷挤压成形。因此对 65Nb 钢模具可以冷挤压成形,这是 65Nb 的最大优点。

4)淬火及回火

(1)淬火工艺:正常淬火温度为 1 080 ~ 1 160 ℃,淬火加热时间应保证碳化物充分溶解并均匀化,同时不使晶粒长大,冷却方式应根据模具形状和对变形的要求,选择采用油冷、油冷-空冷或分级淬火。

(2)回火工艺:一般取 520 ~ 560 ℃,保温时间 1 ~ 2 h,回火二次。

5)实际应用

65Nb 钢适宜制造复杂、大型或加工难变形金属的冷挤压模具以及受冲击负荷较大的冷镦模具,模具的使用寿命相比于 Cr12MoV 和高速钢有明显提高。

2. LD(7Cr7Mo2VSi)钢

LD 钢含碳量比 65Nb 钢高,合金元素 V 的含量也较高,因此在保持强韧性的情况下,其抗压、抗弯强度及耐磨性均比 65Nb 钢高。

1)化学成分(见表 2-25)

表 2-25　LD 钢的化学成分

成　　分	C	Cr	Mo	V	Si	Mn	P	S
质量分数/%	0.68 ~ 0.78	6.50 ~ 7.50	1.90 ~ 2.50	1.7 ~ 2.20	0.7 ~ 1.20	≤0.40	≤0.030	≤0.030

Cr 元素提高淬透性,Mo、W 元素提高淬透性、强化回火时的二次硬化,细化晶粒;V 的作用细化晶粒、引起二次硬化,提高抗回火性,增加耐磨性;Si 元素强化铁素体,提高耐回火性。

2)锻造工艺性能

LD 钢锻造性能良好,但应缓慢加热,以保证透烧,加热温度不宜过高,应严格控制在 1 150 ℃以下,否则容易断裂。终锻温度大于 850 ℃,锻后宜砂冷。模具锻造应反复镦拔三次,有利于模具寿命的延长。

3)预备热处理

退火工艺:一般退火加热温度为 840 ~ 860 ℃,保温 2 ~ 3 h,炉冷至 550 ℃以下出炉空冷,硬度≤220 HBS。球化退火温度为 840 ~ 860 ℃,保温 2 ~ 3 h,炉冷至 700 ~ 720 ℃,保温 4 ~ 6 h,炉冷至 550 ℃以下出炉空冷,硬度≤220 HBS,组织为铁素体基体上均匀分布着球状碳化物。

4)淬火及回火

(1)淬火工艺:淬火加热温度为 1 100 ~ 1 150 ℃,油冷或空冷。

(2)回火工艺:回火加热温度为 530 ~ 570 ℃,回火两三次,每次 1 ~ 2 h,回火硬度为57 ~ 63 HRC。

(3)推荐工艺:1 150 ℃淬火,550 ℃回火三次,强韧性综合指标最好。

(4)低淬低回工艺:为了提高模具的韧性,可采用"低淬低回"工艺,淬火温度为 1 050 ~ 1 080 ℃,回火温度 180 ~ 220 ℃,回火两次,硬度为 58 ~ 60 HRC。适当降低淬火温度,加热过程中让足够的碳和合金元素溶入奥氏体,淬火后获得高硬度马氏体组织和少量残留奥氏体,降低了热应力。采用低温回火旨在消除淬火应力,并使其尽量保持淬火状态的尺寸,减少热处理变形。此工艺特点是使模具可获得较高的硬度和耐磨性,适于制造既能在较大应力下工作,又能承受一定冲击载荷、形状复杂的冷镦冲头。

LD 钢模具与 Cr12MoV 钢模具的使用寿命对比如表 2-26 所示。

表 2-26　LD 钢模具与 Cr12MoV 钢模具的使用寿命对比

钢　　种	热处理工艺	硬度/HRC	金相组织	平均寿命	失效形式
Cr12MoV	1 040 ℃加热油淬,240 ℃回火 2次,每次 4 h	57 ~ 60	回火马氏体 + 体积分数为 10% 未熔碳化物 + 残留奥氏体	2 000 ~ 2 500 件	崩刃、开裂
LD	1 100 ℃加热油淬,600 ℃回火 1 h,再 550 ℃回火 1 h	58 ~ 59	回火马氏体 + 体积分数为 3% 未熔碳化物 + 残留奥氏体	30 000 件	磨损、疲劳裂纹

5)实际应用

由于 LD 钢具有良好的强韧性和耐磨性,因而适用于制造冷挤压模、冷镦模,如轴承滚子冷镦模、标准件冷镦凸模等。

3. 012Al(5Cr4Mo3SiMnVAl)钢

012Al 钢综合性能好,强韧性高,通用性强,是冷热兼用的基体钢。在替代 Cr12MoV 和 3Cr2W8V 钢制作冷、热作模具方面取得了较好的效果,模具的使用寿命大大增强。

1)化学成分(见表2-27)

表 2-27 012Al 钢的化学成分

成分	C	Si	Mn	Cr	Mo	V	Al	P	S
质量分数/%	0.47 ~ 0.57	0.8 ~ 1.10	0.8 ~ 1.10	3.80 ~ 4.30	2.80 ~ 3.40	0.8 ~ 1.20	0.3 ~ 0.7	≤0.030	≤0.030

2)锻造工艺性能

012Al 钢合金元素含量较高、导热性差、变形抗力大,热加工困难,钢锭开坯应实行小变形多次锻造。钢锭上锤后,开始要轻锤快锻,待铸件组织改善后在重锤锻打,但不可连续重锤快打,以免钢锭心部温度上升过高出现内裂。012Al 钢在 900 ~ 1 150 ℃范围内有较好的塑性。表2-28 给出了锻造工艺规范。

表 2-28 012Al 钢锻造工艺规范

加热温度/℃	始锻温度/℃	终锻温度/℃	冷却方式
1 100 ~ 1 140	1 050 ~ 1 080	≥850	缓冷(坑冷或砂冷)

3)预备热处理

等温退火工艺:加热温度为 850 ~ 870 ℃,保温 4 h;炉冷至 710 ~ 720 ℃,保温 6 h,炉冷至 550 ℃以下出炉空冷,硬度≤229 HBS。

4)淬火及回火

淬火、回火工艺规范如表2-29 所示。

表 2-29 推荐淬火、回火工艺规范

模具种类	冷作模具	热作模具	压铸模具
淬火条件	1090 ~ 1120℃油冷	1090 ~ 1120℃油冷	1120 ~ 1140℃油冷
回火条件	510℃×2次×2h	(580 ~ 600℃)×2次×2h	(620 ~ 630℃)×2次×2h
回火后硬度 HRC	60 ~ 62	52 ~ 54	42 ~ 44

该钢回火时有二次硬化现象,500 ~ 520 ℃回火时会出现硬度最高值,金相组织为回火马氏体加弥散分布的点状碳化物。在 580 ~ 620 ℃回火慢冷时,会出现第二类回火脆性,因此在 580 ~ 620 ℃回火时必须快速冷却。

此外,该钢的耐磨性不及 Cr12 型钢及高速钢,为了提高模具耐磨性,在淬火回火后可进行渗氮或氮碳共渗处理,从而提高模具的使用寿命。

5)实际应用

012Al 钢制作冷作模具主要用于冷镦模、中厚钢板凸模、搓丝板模、六角凸模、切边模等,使用寿命比 Cr12MoV 钢制作的冷作模具大幅度延长。

2.2.6 硬质合金

硬质合金的种类很多,但制造模具用的硬质合金通常是金属陶瓷硬质合金和钢结硬质合金。

1. 金属陶瓷硬质合金

金属陶瓷硬质合金是将一些高熔点、高硬度的金属碳化物粉末（WC、TiC 等）和黏结剂（CO、Ni 等）混合后，加压成形，再经烧结而成的一种粉末冶金材料。根据金属碳化物种类通常分为钨钴类硬质合金和钨钴钛类硬质合金。冷冲裁模用的硬质合金一般是钨钴类。表 2-30 所示为钨钴类硬质合金的成分与性能。

表 2-30　钨钴类硬质合金的成分与力学性能

牌　号	成分（ω）/%		力　学　性　能					
	w_C	C_o	硬度/HRA	抗弯强度/MPa	抗压强度/MPa	弹性模量/GPa	冲击韧度/J·cm²	密度/g·cm⁻³
YG8	92	8	89	1 500	4 470	510	2.5	14.4 ~ 14.8
YG15	85	15	87	2 000	3 660	540	4.0	13.9 ~ 14.2
YG20	80	20	85.6	2 600	3 500	500	4.8	13.4 ~ 13.7
YG25	75	25	84.5	2 700	3 300	470	5.5	12.9 ~ 13.2

金属陶瓷硬质合金的共性是具有高的硬度、高的抗压强度和高的耐磨性，脆性大，不能进行锻造及热处理，主要用于制作多工位级进模、大直径拉深凹模的镶块。

2. 钢结硬质合金

钢结硬质合金是用一种或多种碳化物作硬质相，以合金钢粉或高速钢粉作黏结剂，通过粉末冶金方法制成的一种新型的工程材料，其性能介于钢和硬质合金之间。由于它具有高硬度、高强度、高耐磨性和高抗压性，同时具有钢的可加工性、热处理性和焊接性。它的出现填补了工具钢和普通硬质合金的空白。硬质相主要是碳化钨和碳化钛，我国是以 TiC 为硬质相起步，并以 GT35 牌号供应市场。WC 钢结硬质合金是我国 20 世纪 60 年代研制的，牌号为 TLMW50。

第二代 WC 硬质合金是我国 20 世纪 80 年代初研制成功的，简称 DT 合金。它保持了 TLMW50 的高硬度、高耐磨性，有较大幅度提高了强度和韧性，因此能承受大负荷的冲击，同时还具有较好的抗热裂能力，不易出现崩刃、淬裂等，是较理想的工模具材料之一。

1）DT 合金的力学性能

DT 合金的力学性能如表 2-31 所示。DT 合金与其他硬质合金的性能比较如表 2-32 所示。

表 2-31　DT 合金的力学性能

力学性能　　　　状态	硬度/HRC	抗弯强度 σ_{bb}/MPa	抗压强度 σ_{bc}/MPa	抗拉强度 σ_b/MPa	冲击韧性 α_k/(J/cm²)	弹性模量 E/MPa
低温淬火态	62 ~ 64	2 500 ~ 3 600	4 000 ~ 4 200	1 500 ~ 1 600	15 ~ 20	$(2.7 ~ 2.8) \times 10^5$
等温淬火态	55 ~ 62	3 200 ~ 3 800	2 400 ~ 2 800	—	18 ~ 25	

表 2-32　DT 合金与其他钢结硬质合金性能比较

合 金 牌 号	硬质相类型	硬度/HRC		密度/(g/cm³)	抗弯强度 σ_{bb}/MPa	冲击韧性 α_k/(J/cm²)
		加 工 态	使 用 态			
DT	WC	32 ~ 36	62 ~ 64	9.7	2 500 ~ 3 600	15 ~ 20
TLMW50	WC	35 ~ 42	66 ~ 68	10.2	2 000	8 ~ 10
GT35	TiC	39 ~ 46	67 ~ 69	6.5	1 400 ~ 1 800	6

2) 工艺性能

(1) 锻造:预热温度为 700 ~ 800 ℃,始锻温度为 1 150 ~ 1 200 ℃,终锻温度为 850 ~ 900 ℃。

(2) 球化退火:加热温度为 860 ~ 880 ℃,保温 2 ~ 3 h,炉冷至 700 ~ 720 ℃等温 6 h 后,炉冷到 500 ℃以下出炉空冷。退火后硬度为 32 ~ 36 HRC,退火后组织为粒状珠光体和弥散碳化物。

(3) 淬火及回火:DT 合金模具加热淬火前应进行一段预热(大型复杂模具应二段预热),预热温度为 800 ~ 850 ℃,保温系数为 2 min/mm,淬火温度为 1 000 ~ 1 020 ℃,保温系数为 1 min/mm,油冷,根据模具使用要求采取 200 ~ 650 ℃回火,保温 2 h。DT 合金在 600 ℃回火时,有高温回火脆性,应予以注意。为了防止模具变形可采用 200 ~ 300 ℃的等温淬火工艺。

3) 应用

DT 合金用于制造冷镦模、冷挤压模、冷冲裁模、拉深模等,使用效果良好。例如采用 DT 合金制作垫圈及定子复合落料模的模具寿命比 Cr12 钢延长数 10 倍,采用 DT 合金制造的 M4、M5 半圆头螺钉冷镦模,模具寿命比 T10 钢提高 31 倍;而制造 M22 六角螺母冷镦模比 Cr12MoV 钢提高 56 倍,经济效益显著。

2.3　冷作模具材料的选择

2.3.1　冷作模具钢的选用原则

冷作模具选材时,首先应满足模具的使用性能,同时兼顾材料的工艺性和经济性。具体选材时应从模具的种类、结构、工作条件、制品材质、制品形状和尺寸、加工精度、生产批量等方面综合考虑,最后根据模具使用寿命和模具成本进行合理选材。

1. 冷冲裁模材料的选用

冷作模具钢应用量大、使用面广、种类最多的模具钢,主要用于制造冲压、剪切、辊压、压印、冷镦和冷挤压等用途的模具。一般要求具有高的强度、硬度和耐磨性,一定的韧性和热硬性,以及良好的工艺性能。近年来,碳素工具钢使用越来越少,高合金钢模具所占比例仍为最高。以 CrWMn 为典型代表的低合金冷作模具钢,一般仅用于小批量生产中的简易模具和承受冲击力较小的试制模具。冷作模具钢以高碳合金钢为主,均属于热处理强化型钢,使用硬度高于 58 HRC。Cr12 高碳高合金钢仍是大多数模具的通用材料,典型代表钢种是 Cr12MoV。这类钢的强度和耐磨性较高,韧性较低。在对模具综合力学性能要求更高的场合,常用的替代钢种是 W6Mo5Cr4V2 高速钢。

1)冷冲裁模材料的选用原则和方法

(1)选用冷冲裁模用钢主要应考虑模具寿命,但寿命长短不是唯一的选用依据。

(2)应考虑冲压件的材质,如铝、铜、镁合金、普通碳素钢、低合金钢、弹簧钢和硅钢片等,不同材质的冲压件,其冲压难易程度相差极大。

(3)应考虑冲压件的产量,如批量不大,选用长寿命模具就没有必要。

(4)冲压件的形状、尺寸、厚度、尺寸公差和毛刺等因素对模具寿命影响较大,这些因素也应考虑。

(5)还要考虑钢种价格以及模具材料费占模具总费用的份额,如模具形状复杂,很难加工,加工费用占模具总费用比例很高,而模具材料费只占用总费用很小比例,就要选高性能模具钢。

(6)冲压件材质及模具功能的不同,对模具硬度的要求也不同。对冷冲裁模刃口部位要求具有高的硬度、耐磨性及一定的韧性。

2)冷冲裁模材料的具体选用

(1)薄板冷冲裁模用钢。对薄板冷冲裁模用钢要求具有高的耐磨性。长期以来,国内薄板冷冲裁模主要用材有 T10A、CrWMn、9Mn2V、Cr12 及 Cr12MoV 等。其中 T10A 等碳素工具钢只适用于零件总数较少、冲压件形状简单、尺寸小等模具。碳钢淬透性差,淬火容易变形及开裂。CrWMn 钢可用于冲压件总数多且形状复杂、尺寸较大的模具,但与 T10A 钢一样,耐磨性差,锻造控制不当时,易产生网状碳化物,模具易崩刃,与其他合金模具钢比较,CrWMn 钢热处理变形较大。Cr12 及 Cr12MoV 耐磨性较高,性能比前几种钢好,但该类钢存在碳化物不均匀性,网状碳化物较严重,使用过程中易出现崩刃及断裂,因而使用寿命也不长。

为了克服老钢种的不足之处,近年来国内研制了多种新型冷冲裁模用钢,使用效果显著,其中主要有 Cr4W2MoV、6CrNiSiMnMoV(GD)、7Cr7Mo2V2Si(LD)、9Cr6W3Mo2V2(GM)、Cr8MoWV3Si(ER5)、7CrSiMnMoV(CH-1)、8Cr2MnWMoVS(8Cr2S),此外国外引进的新钢种有 Cr12Mo1V1(D2)及 Cr5Mo1V 等。

(2)厚板冷冲裁模用钢。同薄板冷冲裁模相比,厚板冷冲裁模承受的机械载荷更高,而且,随着冲裁毛坯厚度的增加,刃口更容易磨损,凸模容易崩刃、折断。因此,厚板冷冲裁模用钢既要有高的耐磨性,又要有良好的强韧性。

厚板冷冲裁模用钢主要有 Cr12MoV、W18Cr4V、W6Mo5Cr4V2 及 T8A 等。冲件批量较小时可用 T8A,对于批量较大的中厚板冷冲裁模常用 W18Cr4V、W6Mo5Cr4V2 做凸模,用 Cr12MoV 做凹模。高速钢及 Cr12 的耐磨性及抗压强度较高,但这两类钢的韧性较差,碳化物分布不均匀,模具易崩刃及断裂,影响模具的使用寿命。

为了进一步延长厚板冷冲裁模具寿命,研制了一些新型模具钢,如 LD、65Nb、012Al、CG2、LM1、LM2、GD、低碳 M2、火焰淬火模具钢 7CrSiMnMoV 及马氏体时效钢,代替 Cr12MoV

和高速钢制造模具,可以大幅度延长模具寿命。

对于大量生产的冷冲裁模,要求使用寿命高的可选用硬质合金和钢结硬质合金来制造。表 2-33 所示为冷冲裁模结构零件的材料选用与热处理要求。表 2-34 所示为新型冷作模具钢在冷冲裁模方面的应用实例。

表 2-33 冷冲裁模结构零件的材料选用与热处理要求

零件名称	材料	热处理	硬度/HRC
上下模座	HT210、HT220、ZG30、ZG40、Q235	—	—
模柄	Q235、Q275	—	—
导柱、导套	Q20(大批量)、T10A(单件)	渗碳淬火	60～62
凸凹模固定板	Q235、Q275	—	—
脱料板	Q235	—	—
卸料板	Q235、Q275 CrWMn	淬火	50～60
导料板	45	淬火	43～48
挡料销	45 T7A	淬火	43～48 52～56
导正销、定位销	T7、T8	淬火	52～56
垫板	45	淬火	43～48
定位板	45 T8	淬火	43～48 52～56
卸料螺钉	45	头部淬火	43～48
销钉	45 T7	淬火	43～48 52～54
推杆、推板	45	淬火	43～45
压边圈	T8A	淬火	54～58
顶板	45	—	—
侧刃、侧刃挡板、废料、切刀	T10A、CrWMn	淬火	58～62
楔块、滑块	T8A	淬火	58～62
弹簧	65Mn	淬火	40～45
安全板	Q235	—	—

表 2-34　新型冷作模具钢在冷冲裁模方面的应用实例

零 件 名 称	钢 号	平均寿命对比/万件
弹簧凹模	Cr12、CrWMn GD	总寿命：15 60
接触簧片级进模凸模	W6Mo5Cr4V2 GD	总寿命：0.1 2.5
GB66 光冲模	60Si2Mn LD	总寿命：1.0 ~ 1.2 4 ~ 7.2
中厚 45 钢板落料模	Cr12MoV、T10A 7CrSiMnMoV	刃磨一次寿命：0.06 0.13
转子片复式冲模	Cr12、Cr12MoV GM ER5	总寿命：20 ~ 30 100 ~ 120 250 ~ 360
印刷电路板冲裁模	T10A、CrWMn 8Cr2MnWMoV5	总寿命：2 ~ 5 15 ~ 20
高速冲模	W12Cr4Mo2VRE	总寿命：200 ~ 300 （模具费用比 YG20 大大降低）

2. 冷拉深模材料的选用

冷拉深模具主要用于板材的冷拉深成形，在电器、仪表、汽车及拖拉机等行业中占有重要位置。如果被拉深的板材较薄、强度较低、塑性较好、模具承受载荷较轻时，属于轻载拉深；如果被拉伸材料板材较厚或强度较高时，则模具承载荷增大，属于重载拉伸。在冷拉伸时，冲击力很小，主要要求模具具有高的强度和耐热性，在工作时不发生黏附和划伤，具有一定韧性和较好的切削加工性，并要求热处理时模具变形小。

模具材料的选用与被拉深材料的类别、厚度及变形率有关。如属轻载拉深模具，则可选用 T8A、9Mn2V 和 CrWMn 等碳素工具钢或低合金工具钢；如属重载拉深模具，则可选用强度较高的 Cr12MoV、Cr12 等高合金模具钢或钢结硬质合金等。用于小批量生产的拉深模具可选用较低级的材料，如表面淬火钢及铸铁等；当拉深件生产批量很大时，则要求拉深模具有很高的磨损寿命，应对模具进行渗氮、渗硼、渗钒，对中碳合金钢模具进行渗碳等表面处理。

拉深模具材料的选用及工作硬度可参考表 2-35。

表 2-35　拉深模具材料的选用举例及工作硬度

零件名称	工作条件		推荐选用的材料牌号			工作硬度/HRC
	制品类别	被拉深材料	小批量生产（<1 万件）	中批量生产（<10 万件）	大批量生产（100 万件）	
凹模	小型	铝合金或铜合金	T10A、GCr15、CrWMn、9CrWMn	CrWMn、9CrWMn、Cr6WV、Cr5MoV、7CrSiMnMoV	Cr6WV、Cr5MoV、Cr4W2MoV、Cr12MoV	62~64
		深冲用钢				
		奥氏体不锈钢	T10A（镀铬）、铝合金	铝青铜、Cr6WV（渗氮）、Cr5MoV、（渗氮）、Cr4W2MoV	Cr4W2MoV（渗氮）、Cr12MoV（渗氮）、YG 类硬质合金、钢结硬质合金	
	大、中型	铝合金或铜合金	合金铸铁、球墨铸铁	合金铸铁镶嵌模块：Cr6WV、Cr5MoV、Cr4W2MoV渗氮、铝青铜	镶嵌模块：Cr6WV、Cr4W2MoV、Cr12MoV	
		深冲用钢				
		奥氏体不锈钢	合金铸铁镶嵌模块：铝青铜	镶嵌模块：Cr6WV（渗氮）、Cr4W2MoV（渗氮）、铝青铜	镶嵌模块：Cr6WV（渗氮）、Cr4W2MoV（渗氮）、Cr12MoV（渗氮）W18Cr4V（渗氮）	
冲头（凸模）	小型	—	T10A、40Cr（渗氮）	T10A、Cr6WV、Cr5MoV	Cr6WV、Cr5MoV、Cr4W2MoV、Cr12MoV	58~62
	大、中型	—	合金铸铁	CrWMn、9CrWMn	Cr6WV、Cr5MoV、Cr4W2MoV、Cr12MoV	
压边圈	小型	—	T10A、CrWMn、9CrWMn	T10A、CrWMn、9CrWMn	T10A、CrWMn、9CrWMn	54~58
	大、中型	—	合金铸铁	合金铸铁	CrWMn、9CrWMn	

3. 冷挤压模具材料的选用

冷挤压是在常温下利用模具在压力机上对金属以一定的速度施加相当大的压力,使金属产生塑性变形,从而获得所需形状和尺寸。因此,冷挤压模具必须有高的强韧性,良好的耐磨性,一定的热疲劳性和足够的回火稳定性。

为了提高冷挤压模的使用寿命,保证冷挤压模具有良好的性能,在选材上应注意以下几点:

(1)碳素工具钢和低合金工具钢淬硬性、强韧性和耐磨性较差,使用中易折断、弯曲和磨损,有时挤压模具会被压成鼓形,只宜作挤压应力较小、批量也不大的正挤压模具。

(2)Cr12 钢是正挤压模具普遍采用的钢种,但在使用中因韧性低,碳化物偏析严重,其脆性倾向大,因而正逐步被新型冷作模具钢替代。

（3）高速钢的抗压强度、耐磨性在冷作模具钢中最高,特别适宜制作承受高挤压负荷的反挤压凸模。但高速钢与 Cr12 钢有同样的问题,即韧性低,易脆断,W18Cr4V 钢更严重。为了克服高速钢的缺点,发扬其优点,生产中常用低温淬火来提高钢的断裂抗力。

（4）降碳高速钢和基体钢用于冷挤压模具效果十分显著,降碳高速钢主要用于冷挤压冲头。但对于大批量生产的模具,这两类钢的耐磨性还有所欠缺。

（5）对于大批量生产的冷挤压模具,应采用硬质合金。应用最多的是钢结硬质合金,常用作冷挤压凹模。

表 2-36 给出了冷挤压模具材料的选用举例及工作硬度。

表 2-36　冷挤压模材料的选用举例及工作硬度

模具零件名称	工 作 条 件	推荐选用的材料牌号		工作硬度/HRC
		中、小批量生产（ < 5 万件）	大量生产（ > 10 万件）	
冲头（凸模）	冷挤压紫铜、软铝或锌合金	60Si2Mn、CrWMn、Cr6WV、Cr5MoV、Cr4W2MoV、Cr12MoV、W18Cr4V	Cr4W2MoV（渗氮）、Cr12MoV（渗氮）、W6Mo5Cr4V2（渗氮）、基体钢（渗氮）、钢结硬质合金	60 ~ 64
	冷挤压硬铝、黄铜或钢件	Cr4W2MoV、Cr12MoV、W18Cr4V、W6Mo5Cr4V2、6W6Mo5Cr4V、7CrSiMnMoV、7Cr7Mo3V2Si、6CrNiSiMnMoV、基体钢	W6Mo5Cr4V2（渗氮）、基体钢（渗氮）、钢结硬质合金、YG15、YG20、YG25	60 ~ 64
凹模	冷挤压紫铜、软铝或锌合金	T10A、9SiCr、9Mn2V、CrWMn、GCr15、Cr6WV、Cr5MoV、Cr4W2MoV	Cr4W2MoV、Cr12MoV、W18Cr4V、钢结硬质合金、YG15、YG20、YG25	60 ~ 64
	冷挤压硬铝、黄铜或钢件	CrW4Mn、Cr6WV、Cr5MoV、Cr4W2MoV、Cr12MoV、6W6Mo5Cr4V、7Cr7Mo3V2Si	Cr4W2MoV（渗氮）、Cr12MoV（渗氮）、W18Cr4V 或 6W6Mo5Cr4V（渗氮）、基体钢（渗氮）、钢结硬质合金、YG15、YG20、YG25	60 ~ 64
顶出器（顶杆）	—	CrWMn、Cr6WV、Cr5MoV、7Cr7Mo3V2Si	Cr4W2MoV、Cr12MoV、6W6Mo5Cr4V、基体钢	58 ~ 62

注:钢结硬质合金应外加模套,模套材料可采用中碳钢或中碳合金钢,如 45、50、40Cr 钢等。

4. 冷镦模材料的选用

冷镦成形是少切削、无切削先进加工工艺之一,具有生产效率高、节能、节材,提高零件机械强度和精度,适合大批量自动化生产等特点,获得广泛应用。在我国,冷镦成形工艺主要用在紧固件、滚动轴承、汽车零件、军工等行业。

零件的冷镦成形是在冷镦机上进行的。冷镦模分为凸模和凹模,工作时,冷镦凸模承受强烈的冲击力、压力、弯曲应力、摩擦力及切向拉应力作用,因此,要求凸模材料应具有高的强韧性、高的抗弯强度及较高的耐磨性;冷镦凹模在工作时要承受冲击性的切向拉应力、强烈的摩擦和压力作用,因此,要求凹模材料必须具备高强度、高硬度、高耐磨性及高的冲击韧性。

1）一般载荷冷镦模用钢

一般载荷冷镦模主要用于形状不太复杂,变形量不太大,冷镦速度也不是很高的冷镦件生产,通常生产的冷镦件为低碳钢或中低碳钢零件。对这类模具,冷镦凸模可采用 T10A、60Si2Mn、9SiCr、GCr15 等制造,凹模可采用 T10A、Cr12MoV、GCr15 等。

2)重载冷镦模用钢

重载冷镦模用于生产变形量大、形状较复杂的冷镦件。冷镦件用钢是强度较高的合金钢或中高碳钢。对这类模具通常采用 Cr12 冷作模具钢、高速钢及新开发研制的冷作模具钢,如 012Al、65Nb、LD、RM2、LM1、LM2 和 GM 等。

3)新型冷镦模用钢

我国已引进国外钢种或自行开发了 10 余种适合制作冷镦模具的新钢种。这些新钢种的特点是具有较高的淬透性和淬硬性,具有很高的压缩屈服点,较好的耐磨性和韧性,如 6W6Mo5Cr4V1(6W6)、6Cr4W3Mo2VNb(65Nb)、7Cr7Mo2V2Si(LD)、5Cr4Mo3SiMnVAl(012Al)、65W8Cr4VTi(LM1)、65Cr5Mo3WVSiTi(LM2)和 9Cr6W3Mo2V2(GM)等。

冷镦模材料的选用及工作硬度可参考表 2-37。

表 2-37 冷镦模材料的选取举例及工作硬度

模具类型及零件名称			工作条件	推荐选用的材料牌号		工作硬度/HRC
				中、小批量生产 (<10 万件)	大量生产 (>20 万件)	
冷镦凹模	开口模	整体模块	轻载荷、小尺寸	T10A、MnSi	T10A、MnSi	表面 59~62 心部 40~50
			轻载荷、较大尺寸	CrWMn、GCr15	CrWMn、GCr15	表面 >62 心部 <55
	闭口模	整体模块	轻载荷、小尺寸	T10A、MnSi	—	表面 59~62 心部 40~50
			轻载荷、较大尺寸	CrWMn、GCr15	—	表面 >62 心部 <55
		镶嵌模块模芯	重载荷、形状复杂的大、中型模具	Cr6WV、Cr4W2MoV	YG15、YG20、YG25、YG35、GJW50、DT	58~62
				Cr12MoV、Cr5MoV		58~62
				W18Cr4V、W6Mo5Cr4V2		>62
				7Cr7Mo3V2Si、基体钢		58~62
		镶嵌模块模套		42CrMo、40CrMnMo、4Cr5W2VSi、4Cr5MoSiV、4Cr5MoSiV1	六角螺母冷镦模 T7A、T10A	48~52
					钢球、滚子冷镦模、GCr15、CrWMn	

模具类型及零件名称	工作条件	推荐选用的材料牌号		工作硬度/HRC
		中、小批量生产（<10 万件）	大量生产（>20 万件）	
冷镦冲头（凸模）	轻载荷、小尺寸	T10A、MnSi	—	50～60
	轻载荷、较大尺寸	CrWMn、GCr15		60～61
	重载荷	Cr6WV、Cr4W2MoV	YG15、YG20、YG25、YG35、GJW50、DT（另附模套）	56～64
		Cr12MoV、Cr5MoV		56～64
		W18Cr4V、W6Mo5Cr4V2		63～64
		6W6Mo5Cr4V、7CrSiMnMoV		56～64
		7Cr7Mo3V2Si、基体钢		56～64
切裁工具	—	T10A、Cr4W2MoV、Cr12MoV	—	切断刀具 60～62 / 61～63 / 64～65 · 切断刀具 61～63 / 60～61 / 62～64
顶出杆	冲击负荷较大，要求韧性高	W6Mo5Cr4V2、T7A	—	57～59
	中等冲击负荷，要求韧性和耐磨性都好	9CrWMn、CrWMn		<60
	冲击负荷不大，但要求高耐磨性	W6Mo5Cr4V2		62～63

2.3.2　冷作模具钢选用实例

图 2-5 为冲压模具结构示意图，表 2-38 所示为冲压模具明细表。

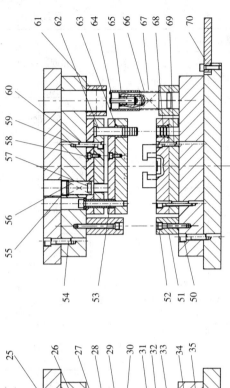

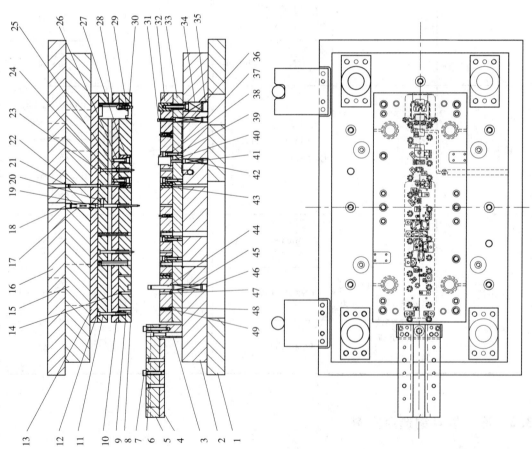

技术要求
1.合模高度为344 mm
2.卸料板料槽深度为0.15 mm
3.装配后试模，试模工件毛刺高度不得大于0.02 mm

图2-5 冲压模具结构示意图

表 2-38 冲压模具明细表

序 号	名 称	材 料	硬 度/HRC
1	下模安装板	45	
2	下模座	45	
3	导尺座	45	
4	导尺垫板	45	
5	导尺	45	
6	定位销 B6×30		
7	螺钉 M6×30		
8	卸料板	Cr12MoV	58~61
9	打包凹模	Cr12MoV	58~61
10	卸料垫板	CrVMn	53~57
11	圆形冲裁凸模	SKD11	60~63
12	固定板	45	
13	固定垫板	45	
14	拉伸凹模	Cr12MoV	58~61
15	上模座	45	
16	上模安装板	45	
17	圆丝螺旋弹簧	SWP-A	
18	螺栓 M10	T8A	50~55
19	误送料检测钉	PD613	54~56
20	误送料传动杆	45	
21	螺栓 M6		
22	顶杆	45	
23	导正钉	SKD11	60~63
24	卸料镶块	Cr12MoV	58~61
25	压块	45	
26	螺钉 M6×25		
27	折弯凹模	Cr12MoV	58~61
28	异形冲头	HAP40	64~67
29	圆丝螺旋弹簧	SWP-A	
30	顶杆	45	
31	吹料钉	SK95	53~58
32	凹模板	Cr12MoV	58~61
33	凹模垫板	CrVMn	53~57

序　号	名　称	材　料	硬　度/HRC
34	扁丝螺旋弹簧	SWOSC-V	
35	螺栓 M20		
36	圆丝螺旋弹簧	SWP-A	
37	螺栓 M10		
38	折弯凸模	Crl2MoV	58 ~ 61
39	螺钉 M5 × 25		
40	抬料块	Crl2MoV	58 ~ 61
41	顶杆	45	
42	扁丝螺旋弹簧	SWOSC-V	
43	凹模镶块	Crl2MoV	58 ~ 61
44	浮料钉	SK95	53 ~ 58
45	圆丝螺旋弹簧	SWP-A	
46	螺栓 M12		
47	拉伸凸模	Crl2MoV	58 ~ 61
48	凹模镶块	Crl2MoV	58 ~ 61
49	打包凸模	HAP40	64 ~ 67
50	螺钉 M12 × 40		
51	行程限位柱	SKS93	54 ~ 58
52	螺钉 M8 × 70		
53	卸料螺钉	S45C	48 ~ 52
54	定位销 B12 × 40		
55	螺栓 M30		
56	扁丝螺旋弹簧	SWOSC-V	
57	卸料弹簧顶杆	45 调质	40 ~ 45
58	螺钉 M6 × 15		
59	螺钉 M10 × 45		
60	定位销 B10 × 45	FC250	
61	座式滚动导套	SUJ2	
62	卸料导柱	SUJ2	
63	卸料导套	SPCC	
64	钢珠衬套挡圈	POM	
65	钢珠衬套	FC250	
66	座式模架导柱		

序　　号	名　　称	材　　料	硬　度/HRC
67	钢珠衬套用弹簧		
68	定位销 B10×40		
69	螺钉 M8×25		
70	机床定位块		

2.3.3　冷作模具的未来发展趋势

工业产品的最终目标是在充分确保质量和功能的前提下设法降低单位成本,因此对模具寿命有较高要求。在产品更新换代周期缩短的情况下,为及时制造出模具就要缩短工期,这倾向于通过改善切削性来实现。另外,为压缩热处理工序的工期,与切削加工设备及切削刀具的改进相结合,高硬度预硬钢的应用也在不断增多。

从目前来看,用于汽车的冲压钢板呈现高强度化的趋势。为实现汽车轻量化并保证冲撞安全性,高强度钢板的使用比例日益增加。用于制造高强度钢板的模具常采用冷作模具钢加 TD 处理和 CVD 处理等。即便如此,当冷冲模负载过大时,也会因镀层剥离等问题达不到所需寿命。面对高强度钢板使用量的不断增加,此问题也成为引人注目的课题。

对于尺寸精度达到微米级的精密模具来说,尺寸稳定性十分重要。即要求热处理尺寸变化较小,且不会随时间变化产生时效尺寸变化。

第3章　塑料模具材料及热处理

目前,塑料制品日益广泛地应用于日常生活,其中注射成形技术约占80%。注射成形因其一次成形、尺寸精确、可带嵌件、生产效率高、易于实现自动化、后加工量少等特点广泛应用于汽车、建筑、家用电器、食品、医药等诸多领域。不少发达国家塑料模的产值居总模具产值的第一位。据统计,目前我国塑料模用钢占全部模具用钢的一半以上。

由于塑料模具形状复杂,尺寸精度高且表面粗糙度值要求低,因此对模具材料的机械加工性能、镜面抛光研磨性能、图案蚀刻性能、热处理变形和尺寸稳定性能都有很高的要求。此外,还要求模具材料具备一定的强韧性、耐磨性、耐蚀性和较好的焊补性能。

我国过去没有专用塑料模具钢,一般塑料模具采用结构钢45钢或40Cr钢经调质处理后制造,由于模具的硬度低、耐磨性和表面粗糙度差,加工出来的塑料制品外观质量较差,而且模具的使用寿命低;而精密塑料模具及硬度高的塑料模具采用CrWMn、Cr12MoV等合金工具钢制造,不仅机械加工性能差,而且难以加工复杂的型腔,更无法解决热处理变形问题。直到目前为止,有些关键部件的塑料模具材料还常常依赖进口的专用塑料模具钢。

目前,美国合金工具钢标准中专用塑料模具钢有7个钢号,日本大同特殊钢公司的塑料模具钢也有13个。近年来,我国对专用塑料模具钢的研制也取得了一定的进展,目前已纳入国家标准的专用塑料模具钢种有2个,即3Cr2Mo和3Cr2MnNiMo,纳入行业标准的钢种有20多个,已在生产中推广应用十多种新型塑料模具钢,初步形成了塑料模具钢体系。

3.1　塑料模具材料性能要求及分类

塑料模具的品种规格多、形状复杂、表面粗糙度值低、制造难度大,因此探讨塑料模具选材问题,综合分析其工作条件、性能,以提高模具寿命、保证加工质量、降低生产成本,就显得非常重要。

3.1.1　塑料模具的工作条件

塑料模具按成形固化不同分为热固性塑料模具和热塑性塑料模具。热固性塑料模具工作时,塑料为固态粉末料或预制坯料,加入型腔并在一定温度下经热压成形,受力大,并受一定的冲击,摩擦较大,热机械负载和磨损较大;热塑性塑料模具是塑料在黏流状态下通过注射、挤压等方法进入模具型腔加工成形的模具,塑料受变形抗力小,受热、受压、受磨损情况不严重,但当加入固体填充料时,磨损会大大增加。塑料模具的工作条件及特点如表3-1所示。

表 3-1　塑料模具的工作条件和特点

模具名称	工作条件	特点
热固性塑料模具	工作温度为 150～250 ℃,工作压力为 2 000～8 000 MPa,受力大、易磨损、易侵蚀	压制各种胶木粉,一般含大量固体填充剂,多以粉末直接放入压模,热压成形,受力较大,磨损严重
热塑性塑料模具	工作温度为 150～250 ℃,工作压力为 2 000～6 000 MPa,受热、受压、受磨损,但不严重。部分品种含有氯及氟,在压制时放出腐蚀性气体,侵蚀型腔表面	通常不含固体填料,以软化状态注入型腔。当含有玻璃纤维等填料时,对型腔的磨损加剧

3.1.2　塑料模具的主要失效形式

塑料模具的主要失效形式是表面磨损、塑性变形及断裂,但由于对塑料制品的表面粗糙度及精度要求较高,故因表面磨损造成的模具失效比例较大。

1. 表面磨损

1)模具型腔表面粗糙度恶化

热固性塑料对模具表面严重摩擦,会造成表面拉毛而使模具型腔表面粗糙度变大,这必然会影响到压制件的外观质量,需要及时卸下抛光。经多次抛光后,会由于型腔尺寸超差而失效。

2)模具型腔尺寸超差

当塑料模具含有云母粉、石英砂、玻璃纤维等固体无机填料时,会明显地加剧模具的磨损,这不仅会使型腔表面粗糙度迅速恶化,也会使模具型腔尺寸急剧变化。

3)型腔表面侵蚀

由于塑料中存有氯、氟等元素,受热分解析出 HCl、HF 等强腐蚀性气体,侵蚀模具表面。

2. 塑性变形

模具在持续受热、受压力作用下,发生局部塑性变形失效。以渗碳钢或碳素工具钢制造的胶木模,特别是小型模具在大吨位压力机上超载使用时,容易产生表面凹陷、麻点、棱角坍塌等,特别是在棱角处更容易产生塑性变形。这种失效的主要原因是模具型腔表面的硬化层过薄,变形抗力不足;模具在热处理时回火不足,在使用时,工作温度高于回火温度,继续发生组织转变而发生"相变超塑性"流动,使模具早期失效。

为了防止塑性变形,需将模具处理到足够的硬度及硬化层深度,如碳素工具钢应达到 52～56 HRC,渗碳钢的渗碳层厚度应大于 0.8 mm。

3. 断裂

断裂失效是一种危害较大的快速失效形式。塑料制品成形模具形状复杂,存在许多棱角、薄壁等部位,在这些位置会产生应力集中而发生断裂。为此,在设计制造中除热处理要注意充分回火外,主要应选用韧性较好的模具钢制造塑料模具,对于大、中型复杂型腔模具应选用高韧性钢制造。

例如采用高碳的合金工具钢制塑料模具,如果回火不充分,容易发生断裂失效。这是因为模具采用内部加热法保温时,模具内部贴近加热器处温度可达到 250～300 ℃。有些高碳合金工具钢(如 9CrMn2Mo 等)制模具淬火后存在较多的残余奥氏体,在回火时未能充分分解,则在使用过程中可能继续转变为马氏体,引起局部体积膨胀,在模具内产生较大的组织应力而造成模具开裂。所以在模具使用温度长期较高时,则不用这类合金工具钢。

3.1.3 塑料模具钢的性能要求

根据对上述塑料模具工作条件和失效形式的分析,塑料模具应具有下列性能要求。

1. 对塑料模具钢的使用性能要求

(1)足够的强度和韧性,以防止模具在工作中塑性变形和冲击损坏。

(2)较高的硬度,较好的耐磨性。型腔表面硬度要求为 30～60 HRC,淬硬性大于 55 HRC,并且有足够的硬化层深度,心部要有足够的强韧性,并且等向性好,以免发生脆断、塑性变形。

(3)较好的耐热性和尺寸稳定性。要求模具材料有较低的热膨胀系数和稳定的组织。模具一般都是在较高的温度下长期工作,因而模具钢材必须具有相当的耐热性,过大的热变形将会影响塑料制品的质量。

(4)良好的导热性。使塑料制件能够尽快地在模具中冷却定型。

2. 对塑料模具钢的工艺性能要求

(1)良好的加工性能。塑料模具型腔几何形状大多比较复杂,型腔表面质量要求高,难加工部位相当多,因此,模具材料应具有优良的切削加工性和磨削加工性能。

(2)较好的焊接性能。塑料模具型腔在加工中受到损伤时,或在使用中被磨损需要修复时,常采用补焊的方法进行修复处理,因此模具材料要有较好的焊接性能。

(3)热处理工艺性能。要求热处理工艺简单,材料有足够的淬透性和淬硬性,变形开裂倾向小,工艺质量稳定。

(4)抛光性能好。一般塑料制件要求良好的表面质量,因而模具成形面必须研磨、抛光,并且成形面的表面粗糙度要低于塑料制件的表面粗糙度 2～3 级,这样才能保证塑料制件的外观并便于脱模。

对于用于透明塑料制件的模具,对模具材料的抛光性能要求更高。镜面抛光性能不好的材料,在抛光时会形成针眼、空洞和斑痕等缺陷。模具的镜面抛光性能主要与模具材料的纯净度、硬度和显微组织等因素有关。硬度高,晶粒细有利于镜面抛光;硬脆的非金属夹杂物、宏观和微观组织不均匀性,则会降低镜面抛光性能。因此,镜面模具钢大多是经过电渣熔炼、真空熔炼或真空除气的超洁净钢。

(5)花纹图案光蚀性能。不少塑料制件为了美化,在其表面增添了花纹图案,这就要求模具钢具有较好的图案光蚀性能。

3.1.4 塑料模具钢的分类

塑料模具按生产方式可分为注射成形模、挤出成形模、热压成形模等。根据塑料的类型及对成形塑料制品的尺寸、精度、质量、数量的要求,并考虑已有的模具生产条件,可以选用不同类型的塑料模具钢。

我国目前用于塑料模具的钢种,可按照钢材特性和使用时的热处理状态分类,如表 3-2 所示。

表 3-2 塑料模具用钢分类

类 别	钢 号
碳素塑料模具钢	SM45、SM50、SM55
渗碳型塑料模具钢	20、20Cr、20CrMoTi、12CrNi3A、20Cr2Ni4A、2CrNi3MoAlS、SM1CrNi3、0Cr4NiMoV(LJ)
预硬型塑料模具钢	SM3Cr2Mo、SM3Cr2MnNiMo、5CrNiMnMoVSCa(5NiSCa)、8Cr2MnWMoVS(8Cr2S)、Y55CrNiMnMoVS(SM1)、25CrNi3AlMnMo
时效硬化型塑料模具钢	18Ni(200)、18Ni(250)、18Ni(300)、18Ni(350)、06Ni、AFC-77、25Cr3NiMoAl、PMS、PCR、SM2
耐蚀型塑料模具钢	2Cr13、3Cr13、4Cr13、9Cr18、3Cr17Mo、0Cr16Ni4Cu3Nb(PCR)、AFC-77
淬硬型塑料模具钢	碳素工具钢(T7、T8、T10、T12)低合金冷作模具钢(9SiCr、9Mn2V、CrWMn、9CrWMn、7CrSiMnMoV)、Cr12、Cr12MoV、GCr15、3Cr2W8V、4Cr5MoSiV1、6CrNiSiMnMo(GD)
无磁模具钢	1Cr18Ni9Ti、5Mn15Cr8Ni5Mo3V2、7Mn15Cr2Al3V2WMo(7Mn15)、7Mn10Cr8Ni10Mo3V2(7Mn10)
非调质塑料模具钢	B20、B20H、B25、B30、F45V、YF4V、48MnV

3.2 塑料模具钢及热处理要求

根据表 3-2 的塑料模具用钢分类,本节分别对碳素塑料模具钢、渗碳型塑料模具钢、预硬型塑料模具钢、时效硬化型塑料模具钢、耐蚀型塑料模具钢、淬硬型塑料模具钢、无磁模具钢、非调质塑料模具钢的性能和基本热处理工艺进行介绍。

3.2.1 碳素塑料模具钢

国外通常利用 C 质量分数为 0.5% ~ 0.6% 的碳素钢(如日本的 S55C)作为碳素塑料模具钢。国内对于生产批量不大、没有特殊要求的小型塑料模,采用原料来源方便、价格便宜、加工性能好的碳素钢(如 45 钢、50 钢、55 钢、T8 钢、T10 钢)制造。为了保证塑料模具具有较低的表面粗糙度,对碳素钢的冶金质量提出了一些特殊要求,如钢材的有害杂质含量、低倍组织等。这类钢一般适用于普通热塑性塑料模具。本节主要介绍 SM45、SM50 和 SM55 三种碳素塑料模具钢,其成分如表 3-3 所示。

表 3-3 碳素塑料模具钢的化学成分(质量分数/%)

钢 号	C	Si	Mn	P	S
SM45	0.42~0.48	0.17~0.37	0.50~0.80	≤0.030	≤0.030
SM50	0.47~0.53	0.17~0.37	0.50~0.80	≤0.030	≤0.030
SM55	0.52~0.58	0.17~0.37	0.50~0.80	≤0.030	≤0.030

1. SM45 钢

SM45 钢属于优质碳素塑料模具钢,与普通优质的 45 碳素结构钢相比,差别在于钢中 S、P 含量低,钢材纯净度好。由于 SM45 钢的淬透性差,制造较大尺寸的塑料模具,一般用热轧、热锻的退火态或正火态的模块,由于硬度低,耐磨性差,因此模具使用寿命较低;制造中、低档次的中、小型模具时,可采用调质处理以获得一定的硬度和强韧性。钢中含碳量中等,形状简单的模具一般采用水冷淬火,形状复杂的小型模具水淬容易出现裂纹,一般采用水淬油冷。SM45 钢的优点是价格便宜,切削加工性能好,淬火后具有较高的硬度,调质处理后具有良好的强韧性和一定的耐磨性,被广泛用于制造中、低档的塑料模具和模架。

1)锻造工艺(见表 3-4)

表 3-4　SM45 钢锻造工艺规范

项　　目	入炉温度/℃	加热温度/℃	加热温度/℃	加热温度/℃	冷　却　方　式
钢锭	≤850	1 150 ~ 1 220	1 100 ~ 1 160	≥850	坑冷或堆冷
钢坯	≤850	1 130 ~ 1 200	1 070 ~ 1 150	≥850	坑冷或堆冷

2)预备热处理

(1)锻后退火:退火温度为 820 ~ 830 ℃,保温一定时间随炉空冷。

(2)高温回火(再结晶退火):加热温度为 680 ~ 720 ℃,保温一定时间出炉空冷。

(3)正火:加热温度为 830 ~ 880 ℃,保温一定时间后空冷。

3)淬火及回火

(1)推荐淬火工艺:淬火温度为 820 ~ 860 ℃,水冷或油冷,硬度≥50 HRC;

(2)推荐回火工艺:回火温度为 500 ~ 560 ℃,空冷,硬度为 25 ~ 33 HRC。

表 3-5 所示为回火温度和硬度的关系。

表 3-5　回火温度与硬度的关系

回火温度/℃	淬火后	200	300	400	500	550	600
硬度/ HRC	57	55	50	41	33	26	22

注:840 ℃水淬。

2. SM50 钢

SM50 钢属碳素塑料模具钢,其化学成分与高强中碳优质结构钢 50 钢相近,但钢的纯净度更高,碳含量的波动范围更窄,力学性能更稳定。SM50 钢经正火或调质处理后,具有一定的硬度、强度和耐磨性,而且价格便宜,切削加工性能好,适宜制造形状简单的小型塑料模具或精度要求不高、使用寿命不需很长的模具等。但 SM50 钢的焊接性能不好,冷变形性能差。

1)锻造工艺

SM50 钢的锻造工艺规范如表 3-6 所示。

表 3-6　SM50 钢锻造工艺规范

始锻温度/℃	终锻温度/℃	冷　却　方　式
1 180 ~ 1 200	>800	空冷,φ300 mm 以上应缓冷

2）预备热处理

（1）退火：加热温度为 810~830 ℃，炉冷。

（2）正火：加热温度为 820~870 ℃，空冷。

3）淬火及回火

（1）淬火工艺：淬火温度为 820~850 ℃，水冷或油冷，硬度≥50 HRC；

（2）回火工艺：回火温度为 200~650 ℃（按需要而定）。表 3-7 所示为回火温度和硬度的关系。

表 3-7　回火温度与硬度的关系

回火温度/℃	淬火后	200	300	400	500	550	600
硬度/HRC	58	56	51	42	33	27	23

注：830 ℃水淬。

3. SM55 钢

SM55 钢属碳素塑料模具钢，其化学成分与高强中碳优质结构钢 55 钢相近，但钢的纯净度更高，碳含量的波动范围更窄，力学性能更稳定。SM55 钢经热处理后具有高的表面硬度、强度、耐磨性和一定的韧性，一般在正火或调质处理后使用。该钢加工便宜，切削加工性能中等，当硬度为 179~229 HBS 时，相对加工性为 50%，但焊接性和冷变形性均低。适宜制造形状简单的小型塑料模具或精度要求不高，使用寿命不需要很长的塑料模具。

1）锻造工艺（见表 3-8）

表 3-8　SM50 钢锻造工艺规范

始锻温度/℃	终锻温度/℃	冷却方式
1 180~1 200	>800	空冷，尺寸>200 mm 缓冷

2）预备热处理

（1）退火：加热温度为 770~810 ℃，炉冷。

（2）高温回火：加热温度为 680~720 ℃，空冷。

（3）正火：加热温度为 810~860 ℃，空冷。

3）淬火及回火

（1）淬火工艺：淬火温度为 790~830 ℃，水冷，硬度≥55 HRC；淬火温度为 820~850 ℃，油冷。

（2）回火工艺：回火温度为 400~650 ℃，硬度为 24~45 HRC。表 3-9 所示为回火温度和硬度的关系。

表 3-9　回火温度与硬度的关系

回火温度/℃	淬火后	200	300	400	500	550	600
硬度/HRC	58	57	50	45	35	30	24

注：820 ℃水淬。

3.2.2 渗碳型塑料模具钢

渗碳型塑料模具钢主要用于冷挤压成形的塑料模具。为了便于冷挤压成形,这类钢种在退火态具有较低的硬度、较高的塑性和较低的变形抗力。因此,渗碳型塑料模具钢的含碳量一般都在 0.1% ~ 0.25% 范围内,同时加入能够提高淬透性和强化铁素体的合金元素,以 Cr、Ni 元素为主,Si 的含量尽可能低。

冷挤压成形后的塑料模具经渗碳淬火和低温回火,使得表面高硬度、高耐磨性,而心部具有较好的韧性,主要用于制造耐磨性良好的塑料模具。其中碳钢用于型腔简单、生产批量较小的小型塑料模具;合金钢用于型腔较为复杂、承受载荷较高的大、中型模具。

渗碳型塑料模具钢在国外有专用钢种,如美国的 P1、P2、P4、P6,日本的 CH1、CH2、CH41,瑞典的 8416 等。国内常用的钢种有 20、20Cr、20CrMoTi、12CrNi3A、20Cr2Ni4A、2CrNi3MoAlS 等。目前我国唯一纳标的渗碳型塑料模具钢为 SM1CrNi3。国内开发的 0Cr4NiMoV(LJ)冷挤压成形专用钢,退火后硬度为 85 ~ 105 HBS,具有优异的冷挤压成形性能,缺点是模具热处理工艺较复杂、变形大。

1. SM1CrNi3 钢

SM1CrNi3 钢是目前我国唯一纳入行业标准的渗碳型塑料模具钢,虽然其化学成分和力学性能与合金结构钢 12CrNi3A(GB/T 3077—1999)近似,但其冶金质量高于 12CrNi3A,抛光性和淬透性更好,在淬火和低温回火或高温回火后都具有良好的综合力学性能,钢的低温韧性好,缺口敏感性小。切削加工性能良好,在硬度为 260 ~ 320 HBS 时,相对切削加工性为 60% ~ 70%。此外钢的碳含量比 12CrNi3A 低,退火后硬度低,抗冷塑性变形能力低,有利于采用冷挤压成形方法制造模具零件。模具成形后经渗碳、淬火、回火,使模具零件表面有很高的硬度和耐磨性,而心部具有很好的韧性。

SM1CrNi3 钢与美国的 P6、德国 X19NiCrMo4 钢类似。

1)化学成分

SM1CrNi3 钢的化学成分如表 3-10 所示。

表 3-10　SM1CrNi3 钢的化学成分

成分	C	Cr	Si	Mn	Ni	P	S
质量分数/%	0.05 ~ 0.15	1.25 ~ 1.75	0.10 ~ 0.37	0.35 ~ 0.75	3.25 ~ 3.75	≤0.030	≤0.030

2)锻造工艺规范

SM1CrNi3 钢锻造工艺规范如表 3-11 所示。

表 3-11　SM1CrNi3 钢锻造工艺规范

加热温度/℃	始锻温度/℃	终锻温度/℃	冷 却 方 式
1 200	1 180	≥800	缓冷

3)预备热处理

(1)退火:加热温度为 670 ~ 680 ℃,炉冷,退火后硬度≤229 HBS。

（2）正火：加热温度为 880～940 ℃，空冷。

（3）高温回火：加热温度为 670～680 ℃，空冷，硬度≤229 HBS

4）淬火及回火

（1）淬火温度：860 ℃，油冷。

（2）回火温度：200～600 ℃（按需要）。

5）渗碳、淬火及回火

（1）渗碳温度：900～920 ℃（罐内冷），渗碳时间按渗层厚度要求而定。

（2）淬火Ⅰ：加热温度为 860 ℃，油冷。淬火Ⅱ：加热温度为 760～810 ℃，油冷，硬度≥60 HRC。

（3）回火温度 160～200 ℃，表面硬度≥58 HRC，心部硬度 26～40 HRC。

6）实际应用

SM1CrNi3 钢主要适宜制造要求耐磨性高、尺寸较大的塑料模具零件。

2. LJ（0Cr4NiMoV）钢

LJ 钢含碳量很低，因而塑性优异，变形抗力小，其退火硬度为 85～105 HBS（880 ℃保温 2 h，40～80 ℃/h 冷至 600～650 ℃出炉空冷），具有优异的冷挤压成形性能。冷挤压成形后的模具经渗碳、淬火和低温回火后，表面可获得回火马氏体及少量残留奥氏体的基体组织并均匀分布粒状碳化物，而心部是粒状贝氏体组织，表面硬度可提高至 58～62 HRC，具有高的耐磨性，同时心部硬度为 28 HRC，有良好的强韧性。钢中主要元素为 Cr，辅加元素为 Ni、Mo、V 等。合金元素的主要作用是提高淬透性和渗碳能力，增加渗碳层的硬度和耐磨性及心部的强韧性。

1）化学成分

LJ 钢的化学成分如表 3-12 所示。

表 3-12　LJ 钢的化学成分

成　　分	C	Cr	Si	Mn	Ni	Mo	V	P	S
质量分数/%	≤0.08	3.60～4.20	≤0.20	0.20～0.30	0.30～0.70	0.20～0.60	0.08～0.15	≤0.030	≤0.030

2）锻造工艺规范

LJ 钢的锻造工艺规范如表 3-13 所示。

表 3-13　LJ 钢锻造工艺规范

项　　目	入炉温度/℃	加热温度/℃	始锻温度/℃	终锻温度/℃	冷 却 方 式
钢锭	≤800	1 160～1 200	1 100	≥900	空冷
钢坯	≤800	1 100～1 150	1 080	≥800	空冷

3）预备热处理

退火工艺：加热温度为 880 ℃，40～80 ℃/h 炉冷至 600～650 ℃后出炉空冷，退火后硬度为 85～105 HBS。

4）渗碳、淬火及回火

渗碳、淬火及回火工艺：渗碳温度为 930 ℃，保温 6 ~ 8 h，罐冷。淬火温度为 850 ~ 870 ℃，油冷，硬度≥60 HRC；回火温度为 160 ~ 180 ℃，空冷，硬度为 58 ~ 62 HRC。

5）碳氮共渗、淬火及回火

碳氮共渗、淬火：碳氮共渗温度为 840 ~ 860 ℃，保温 6 ~ 8 h，出炉后直接油冷淬火，硬度≥60 HRC。

回火：温度为 160 ~ 180 ℃，硬度为 58 ~ 62 HRC。

6）实际应用

LJ 钢冷成形性与工业纯铁相近，用冷挤压法成形的模具型腔轮廓清晰、光洁、精度高。LJ 钢主要用于代替 10 钢、20 钢及工业纯铁等冷挤压成形的精密塑料模具。由于渗碳层深，基体硬度高，在使用中未发现模具型腔表面塌陷和内壁咬伤现象，有较高的使用寿命。

3.2.3 预硬型塑料模具钢

所谓的预硬型塑料模具钢就是钢厂供货时已预先对模具钢进行热处理，使之达到了模具使用时的硬度。这类钢的特点是在硬度为 30 ~ 40 HRC 状态下可以直接进行成形车削、钻孔、铣削、磨削等加工过程，精加工后可直接交付使用，这就完全避免了热处理变形的影响，从而保证了模具的制造精度。

我国目前使用和新近研制的预硬型塑料模具钢大多数以中碳钢为基础，适当加入 Cr、Mn、Mo、Ni、V 等合金元素。为了解决较高硬度下机械切削加工的困难，通过向钢中加入 S、Ca、Pb、Se 等元素，以便改善钢的切削加工性能，从而冶炼成易切削的预硬化钢，使模具在较高硬度下顺利完成车、钻、刨、镗、磨等加工过程。有些预硬化钢可以在模具加工成形后进行渗氮热处理，在不降低基体使用硬度的前提下使模具表面硬度和耐磨性显著提高。已经列入国家标准的预硬型塑料模具钢仅有 3Cr2Mo、3Cr2MnNiMo 两种，加上近年来研制引进钢种及一些传统中碳合金钢，预硬化型塑料模具钢主要包括 SM3Cr2Mo、SM3Cr2MnNiMo、40Cr、42CrMo、5CrMnMo、5CrNiMo、5CrNiMnMoVSCa、30CrMnSiN2A、8Cr2MnWMoVS、Y55CrNiMnMoVS、25CrNi3AlMnMo 等钢。

预硬型塑料模具钢虽然在钢厂就进行了最终热处理（淬火、中高温回火），但如果要进行改锻或进一步改变硬度和力学性能，可以重新进行淬火、回火，而且必须在锻造后进行退火热处理。

下面介绍几种典型的预硬型塑料模具钢。

1. SM3Cr2Mo（P20）钢

SM3Cr2Mo 钢是国际上较广泛应用的塑料模具钢，其综合力学性能良好、淬透性高、硬度均匀性好、抛光性能好及加工后模具表面粗糙度值低等特点。用该钢制造模具时，一般先调质处理，硬度为 28 ~ 35 HRC（即预硬化），再经冷加工制造成模具后，可直接使用。这样，既保证了模具的使用性能，又避免了热处理引起模具的变形。因此，该钢种适宜制造大、中型和精密塑料模以及低熔点合金（如锡、锌、铅合金）压铸模等。

1）化学成分

SM3Cr2Mo 钢的化学成分如表 3-14 所示。

表 3-14　SM3Cr2Mo 钢的化学成分

成　　分	C	Si	Mn	Cr	Mo	P	S
质量分数/%	0.28~0.40	0.2~0.8	0.6~1.0	1.4~2.0	0.30~0.55	≤0.030	≤0.030

与 SM3Cr2Mo 钢相近的国外牌号有美国 P20、瑞典 618、德国 GSW－2311、韩国 NP－4MA、奥地利 M202 等。

2）锻造工艺规范

SM3Cr2Mo 钢锻造工艺规范如表 3-15 所示。

表 3-15　SM3Cr2Mo 钢锻造工艺规范

项　　目	加热温度/℃	始锻温度/℃	终锻温度/℃	冷　却　方　式
钢锭	1 180~1 200	1 130~1 150	≥850	坑冷
钢坯	1 120~1 160	1 070~1 100	≥850	砂冷或缓冷

3）预备热处理

（1）等温退火：加热温度为 840~860 ℃，保温 2 h；等温温度为 710~730 ℃，保温 4 h，炉冷至 500 ℃ 以下出炉空冷，退火后硬度 ≤229 HBS。

（2）高温回火：加热温度为 720~740 ℃，保温 2 h；炉冷至 500 ℃ 以下出炉空冷。

4）淬火及回火

（1）推荐淬火工艺：淬火温度为 850~880 ℃，油冷，硬度 50~52 HRC

（2）推荐回火工艺：回火温度为 580~640 ℃，空冷，硬度 28~36 HRC

5）化学热处理

3M3Gr2Mo 钢具有较好的淬透性和一定的韧性，经渗碳、渗氮、氮碳共渗或离子渗氮后再抛光，表面粗糙度值 Ra 可以降低到 0.03 μm 左右，可进一步提高模具表面光亮度及模具的使用寿命。

2. SM3Cr2MnNiMo（718）钢

SM3Cr2MnNiMo（718）钢是国际上广泛应用的预硬型塑料模具钢。其综合力学性能好，淬透性高，可以使大截面尺寸的钢材在调质后具有均匀的硬度分布，有很好的抛光性能和光洁度。用该钢制造模具时，一般先进行调质处理，硬度为 28~36 HRC（即预硬化），然后加工成模具可直接使用，这样既保证了大型或特大型模具的使用性能，又避免了热处理引起的模具变形。

1）化学成分

SM3Cr2MnNiMo 钢的化学成分如表 3-16 所示。

表 3-16　SM3Cr2MnNiMo 钢的化学成分

成　　分	C	Si	Mn	Cr	Mo	Ni	P	S
质量分数/%	0.32~0.40	0.2~0.4	1.1~1.5	1.7~2.0	0.25~0.4	0.85~1.15	≤0.030	≤0.030

与 SM3Cr2MnNiMo(718)钢相近的国外牌号有瑞典一胜百 718、法国 CLC2738、德国德威 GSW2738、奥地利百禄 M238,日本大同公司的 PX4、PX5 钢、日本日立公司的 HPM7、HPM17 钢相近,与国内试制的 P4410 钢成分一致。

2)锻造工艺规范

SM3Cr2MnNiMo 钢的锻造工艺规范如表 3-17 所示。

表 3-17 SM3Cr2MnNiMo 钢锻造工艺规范

加热温度/℃	始锻温度/℃	终锻温度/℃	冷 却 方 式
1 140 ~ 1 180	1 050 ~ 1 140	≥850	缓冷

3)预备热处理

(1)高温回火:加热温度为 690 ~ 710 ℃,保温 4 h,炉冷至 500 ℃以下出炉空冷。

(2)等温退火:加热温度为 840 ~ 860 ℃,保温 2 h,等温温度为 690 ~ 710 ℃,保温 4 h,炉冷至 500 ℃以下出炉空冷。

4)淬火及回火

(1)推荐淬火工艺:加热温度为 840 ~ 870 ℃,油冷或空冷,硬度≥50 HRC。

(2)推荐回火工艺:回火温度为 550 ~ 650 ℃,空冷,硬度 30 ~ 38 HRC。

经 860 ℃淬火,650 ℃回火后,室温及高温力学性能如表 3-18 所示。

表 3-18 SM3Cr2MnNiMo 钢力学性能

试验温度/℃	σ_b/MPa	σ_s/MPa	δ/%	ψ/%	α_k/(J·cm^{-2})	硬度/HRC
室温	1 120	1 020	16	61	96	35
200	1 006	882	13.6	56	—	—
400	882	811	14.0	67	—	—

SM3Cr2MnNiMo 钢硬度值为 32 ~ 36 HRC,具有良好的车、削、磨等加工性能。

5)实际应用

SM3Cr2MnNiMo 钢在预硬态(30 ~ 36 HRC)使用,防止了热处理变形,适于制造大型、复杂、精密塑料模具,该钢也可采用渗碳、渗硼等化学热处理,处理后可获得更高的表面硬度,适于制造高精密的塑料模具,也可用于制造低熔点锡、锌、铅合金用的压铸模。

3. 8Cr2MnWMoVS(8Cr2S)钢

8Cr2MnWMoVS 钢属于含硫易切削模具钢,其特点是 S 作为易切削元素加入,同时相应地增加 Mn 含量,以保证 S 能形成 MnS 易切削相。8Cr2S 钢预硬化处理到 40 ~ 45 HRC,仍可以采用高速钢车刀进行车、刨、铣、镗、钻、铰、攻丝等常规加工,使模具加工后可直接使用,这对于形状复杂或要求尺寸配合精度高的模具特别适用。

1)化学成分

8Cr2S 钢的化学成分如表 3-19 所示。

表 3-19 8Cr2S 钢的化学成分

成分	C	Si	Mn	Cr	W	Mo	V	P	S
质量分数/%	0.75 ~ 0.85	≤0.40	1.3 ~ 1.7	2.3 ~ 2.6	0.7 ~ 1.0	0.5 ~ 0.8	0.10 ~ 0.15	≤0.030	0.08 ~ 0.15

2)锻造工艺规范

8Cr2S 钢锻造工艺规范如表 3-20 所示。

表 3-20 8Cr2S 钢锻造工艺规范

加热温度/℃	始锻温度/℃	终锻温度/℃	冷却方式
1 100 ~ 1 150	1 050 ~ 1 100	≥900	砂冷或坑冷

3)预备热处理

(1)锻后退火工艺:加热温度为 790 ~ 810 ℃,保温 4 ~ 6 h,炉冷至 550 ℃ 以下出炉空冷,硬度为 240 HBS。

(2)锻后等温退火工艺:加热温度为 790 ~ 810 ℃,保温 2 h,炉冷至 700 ~ 720 ℃,保温 4 ~ 8 h,炉冷至 550 ℃ 以下出炉空冷,硬度为 207 ~ 229 HBS。

4)淬火及回火

(1)预硬钢淬火:加热温度为 860 ~ 880 ℃,油淬或空冷,硬度为 62 ~ 63 HRC。回火温度为 620 ℃,硬度为 44 ~ 46 HRC。

(2)正常淬火工艺:加热温度为 860 ~ 900 ℃,油淬或空冷,硬度为 62 ~ 64 HRC。回火温度为 160 ~ 200 ℃,硬度为 60 ~ 64 HRC,用于冷作模具。回火温度为 550 ~ 650 ℃,硬度为 40 ~ 48 HRC,用于塑料模具。

5)8Cr2S 钢的特点

(1)热处理工艺简单,淬透性好。空冷淬硬直径 ϕ100mm 以下,空淬硬度为 61.5 ~ 62 HRC,热处理变形小。当 860 ~ 900 ℃ 淬火,160 ~ 200 ℃ 回火时,轴向总变形率小于 0.09%,径向总变形率小于 0.15%。

(2)切削性能好。退火硬度为 207 ~ 229 HBS,切削加工时,可以比一般工具钢缩短加工工时 1/3 以上。硬度在 40 ~ 45 HRC,用高速钢或硬质合金刀具进行车、刨、铣、镗、钻等加工,相当于碳钢调质态硬度为 30 HRC 左右的切削性能,远优于 Cr12MoV 钢退火态硬度为 240 HBS 的切削性能。

(3)镜面研磨抛光性好。采用相同研磨加工,其表面粗糙度比一般合金工具钢低 1 ~ 2 等级,最低表面粗糙度 Ra 为 0.1 μm。

(4)表面处理性能好。渗氮处理后渗层深度可达 0.2 ~ 0.3 mm,渗硼附着力强。

6)实际应用

8Cr2S 钢中含碳量较高,钢的淬火硬度高、耐磨性好、综合力学性能好、热处理变形小,适宜制造各种类型的塑料膜、胶木模、陶土瓷料模以及印制板的冲孔模等。

4. 5CrNiMnMoVSCa(5NiSCa)钢

5NiSCa 钢属于为了满足精密塑料模具和薄板无间隙精密冲裁模的需要,研制的易切削高韧性塑料模具钢。在预硬态(35 ~ 45 HRC)韧性和切削加工性能良好,镜面抛光性能好,表面粗糙度低,Ra 可达 $0.2 \sim 0.1 \ \mu m$,在使用过程中表面粗糙度保持能力强,花纹刻蚀性能好,淬透性能好,有良好的渗氮和渗硼性能,可作型腔复杂、质量要求高的塑料模。该钢硬度高(50 HRC 以上),热处理变形小,韧性好,并具有较好阻止裂纹扩展的能力。

1)化学成分

5NiSCa 钢的化学成分如表 3-21 所示。

表 3-21　5NiSCa 钢的化学成分

成　　分	C	Cr	Ni	Mn	Mo	V	Ca	P	S
质量分数/%	0.5 ~ 0.6	0.8 ~ 1.2	0.8 ~ 1.2	0.8 ~ 1.2	0.3 ~ 0.6	0.15 ~ 0.3	0.002 ~ 0.008	≤0.030	0.06 ~ 0.15

2)锻造工艺规范

5NiSCa 钢的锻造工艺规范如表 3-22 所示。

表 3-22　5NiSCa 钢锻造工艺规范

项　　目	加热温度/℃	始锻温度/℃	终锻温度/℃	冷　却　方　式
钢锭	1 140 ~ 1 180	1 080	900	坑冷
钢坯	1 100 ~ 1 040	1 040	850	炉冷(>ϕ60 mm),砂冷(<ϕ60 mm)

3)预备热处理

(1)锻后退火:加热温度为 750 ~ 770 ℃,保温 2 h,炉冷至 600 ℃以下出炉空冷,退火后硬度为 217 ~ 255 HBS。

(2)锻后等温退火:加热温度为 750 ~ 770 ℃,保温 2 ~ 4 h,等温温度为 670 ~ 690 ℃,保温 4 ~ 6 h,炉冷至 550 ℃以下出炉空冷,退火后硬度为 217 ~ 220 HBS,组织为球状珠光体和易切削相。

4)淬火及回火

(1)推荐淬火工艺:淬火温度为 860 ~ 920 ℃,油冷,硬度为 62 ~ 63 HRC。

(2)回火温度为 600 ~ 650 ℃,空冷,硬度为 35 ~ 45 HRC。

5)实际应用

5NiSCa 钢可用作型腔复杂、型腔质量要求高的注塑模、压缩模、橡胶模、印制板冲孔模等。5NiSCa 钢用作注塑模的使用情况如表 3-23 所示。

表 3-23　5NiSCa 钢用作注塑模的使用情况

模 具 名 称	硬度/HRC	使 用 情 况
收录机外壳、后盖、面板、音窗等	38 ~ 42	模具寿命提高 1 ~ 3 倍
收录机磁带门仓模	40 ~ 42	表面粗糙度 Ra 为 0.2 ~ 0.4 μm,寿命提高
插座基座模具型芯	52 ~ 54	寿命比 Cr12 钢提高 4 ~ 6 倍
洗衣机上盖模	36 ~ 38	模具比 40Cr 易加工,使用性能好
洗衣机定时器齿轮、凸轮模具	36 ~ 40	模具使用寿命提高
L310 透明窗模具	40	进口 P20 钢寿命为 20 万件,该钢为 50 万件

5. Y55CrNiMnMoVS（SM1）钢

SM1 钢是我国研制的含 S 系易切削塑料模具钢,其特点是预硬态交货,预硬硬度为 40 ~ 45 HRC,在此硬度下仍具有良好的切削加工性,模具加工后不再进行热处理直接使用。另外该钢种还具有耐蚀性较好和可渗碳等优点。

SM1 钢中加入 Ni,起固溶强化作用并增加韧性,加入 Mn 与 S 形成易切削相 MnS,加入 Cr、Mo、V,增加钢的淬透性,同时起到强化作用。

1）化学成分

SM1 钢的化学成分如表 3-24 所示。

表 3-24　SM1 钢的化学成分

成　　分	C	Si	Mn	Cr	Mo	V	Ni	S	P
质量分数/%	0.5 ~ 0.6	<0.4	0.8 ~ 1.2	0.8 ~ 1.2	0.2 ~ 0.5	0.1 ~ 0.3	1 ~ 1.5	0.08 ~ 0.15	≤0.030

2）锻造工艺规范

SM1 钢的锻造工艺规范如表 3-25 所示。

表 3-25　SM1 钢锻造工艺规范

加热温度/℃	始锻温度/℃	终锻温度/℃	冷却方式
1 150	1 050 ~ 1 100	≥850	缓冷,需球化退火

3）预备热处理

等温球化退火:加热温度为 810 ℃,保温 2 ~ 4 h,等温温度为 680 ℃,保温 4 ~ 6 h,炉冷至 550 ℃出炉空冷,退火后硬度为 ≤235 HBS。

4）淬火及回火

淬火温度为 800 ~ 860 ℃,油冷,硬度为 57 ~ 59 HRC;回火温度为 620 ~ 650 ℃,硬度为 40 HRC。

5）实际应用

SM1 钢生产工艺简便易行,性能优越稳定、使用寿命长,在电子、仪表、塑料、轻工等行业印制电路板凸凹模、精密冲压导向板及热固性塑料模具等方面应用,已取得了良好的经济效益。

3.2.4　时效硬化型塑料模具钢

模具热处理后变形是模具热处理的三大难题之一(变形、开裂、淬硬)。预硬型塑料模具钢解决了模具热处理变形问题,但模具硬度要求高又给模具加工造成了困难。如何既保证模具的加工精度,又使模具有较高硬度,对于复杂、精密、长寿命的塑料模具,是模具材料面临的一个重要难题。为此发展了一系列时效硬化型塑料模具钢。

此类钢的共同特点是含碳量低、合金含量较高,经高温淬火(固溶处理)后,钢处于软化状态,组织为单一的过饱和固溶体。但是将此固溶体进行时效处理,即加热到某一较低温度并保温一段时间后,固溶体中析出细小弥散的金属化合物,从而对钢进行强化和硬化。并且,这一强化过程引起的尺寸、形状变化极小。因此,采用此类钢制造塑料模具时,可在固溶处理后进行机械成形加工,然后通过时效处理,使模具获得使用状态下的强度和硬度,这就保证了模具最终尺寸和形状的精度。

此外,此类钢往往采用真空冶炼或电渣重熔,钢的纯净度高,所以镜面抛光性能和刻蚀性能良好。还可以通过镀铬、渗氮、离子束增强沉积等表面处理方法来提高耐磨性和耐蚀性。下面介绍几种时效硬化型塑料模具钢。

1. 25CrNi3MoAl 钢

1)化学成分

25CrNi3MoAl 钢的化学成分如表 3-26 所示。

表 3-26   25CrNi3MoAl 钢的化学成分

成分	C	Si	Mn	Cr	Mo	V	Al	Ni	S	P
质量分数/%	0.2～0.3	0.2～0.5	0.5～0.8	1.2～1.8	0.2～0.4	—	1～1.6	3～4	≤0.030	≤0.030

2)固溶及回火

固溶温度为(880±20)℃,水淬或空冷,硬度为 48～50 HRC。回火温度为 680 ℃,加热时间为 4～6 h,空冷或水冷,硬度为 22～28 HRC。回火后进行机械加工成形,在进行时效处理,25CrNi3MoAl 钢经不同温度固溶处理后硬度如表 3-27 所示。

表 3-27   25CrNi3MoAl 钢经不同固溶处理后的硬度

加热温度/℃(保温 30 min)	830	880	920	960	1 000
硬度/HRC	50	49	48.5	46.4	45.6

3)时效处理

时效温度为 520～540 ℃,保温 6～8 h,空冷,硬度为 39～42 HRC。时效后经研磨、抛光、光刻花纹后装配使用。时效变形率约为 -0.003 9%,经不同温度时效处理后硬度如表 3-28 所示。

表 3-28   25CrNi3MoAl 钢经不同固溶处理后的硬度

时效温度/℃	500	520	540
硬度/HRC	35.5～38	39～41	39～42

4)力学性能

25CrNi3MoAl 钢经 880 ℃固溶,680 ℃回火,540 ℃时效处理 8 h,其力学性能如表 3-29 所示。

表 3-29   25CrNi3MoAl 钢的室温力学性能

性　能	硬度/HRC	σ_b/MPa	σ_s/MPa	δ/%	ψ/%	α_K/(J/cm²)
测　试　值	39～42	1 260～1 350	1 170～1 200	13～16.8	55～59	45～52

5）25CrNi3MoAl 钢的特点及应用

钢中的 Ni 含量低，价格远低于马氏体时效钢，也低于超低碳中合金时效钢。

调质硬度为 230～250 HBS，常规切削加工和电加工性能良好，时效硬度为 38～42 HRC，时效处理及渗氮处理温度范围相当，且渗氮性能好，渗氮后表层硬度达 1 000 HV 以上，而心部硬度保持在 38～42 HRC。

镜面研磨性好，表面粗糙度值 Ra 为 0.2～0.025 μm，表面光刻侵蚀性好，光刻花纹清晰均匀。

焊接修补性好，焊缝处可加工，时效后焊缝硬度和基体硬度相近。

25CrNi3MoAl 钢适于制作变形率要求 −0.05% 以下、镜面要求高或表面要求光刻花纹工艺的精密塑料模。该钢经软化处理后，可适应冷挤压模腔制模工艺。

2. 18Ni 类钢

18Ni 类钢属于典型的马氏体时效钢。钢中含碳量较低，对时效硬化起作用的合金元素是 Ti、Al、Co、Mo。钢中加入了大量的 Ni，主要作用是保证固溶体淬火后能获得单一的马氏体，其次 Ni 和 Mo 作用形成时效强化相 Ni_3Mo，当 Ni 的质量分数超过 10% 时，还能提高马氏体时效钢的断裂韧度。

1）化学成分

18Ni 钢的化学成分如表 3-30 所示。

表 3-30　18Ni 钢的化学成分（质量分数/%）

钢　号	C	Ni	Co	Mo	Si	Mn	Ti	Al	P	S
18Ni(250)	≤0.03	17.5～18.5	7.0～8.0	4.25～5.25	≤0.12	≤0.1	0.3～0.5	0.05～0.15	≤0.01	≤0.01
18Ni(300)	≤0.03	18.0～19.0	8.5～9.5	4.6～5.2	≤0.12	≤0.1	0.5～0.8	0.05～0.15	≤0.01	≤0.01
18Ni(350)	≤0.03	17.0～19.0	11～12.75	4～5	≤0.12	≤0.1	1.2～1.45	0.05～0.15	≤0.01	≤0.01

2）热处理

固溶温度为 815～830 ℃，油冷或空冷（盐炉加热时间为 1 min/mm，空气炉加热时间为 2～5 min/mm），固溶硬度为 28 HRC。时效温度为 480 ℃［18Ni(250)、18Ni(300)］，时间 3 h，硬度为 43 HRC；时间 6 h，硬度为 52 HRC。时效温度为 510 ℃［18Ni(350)］，时效时间 6 h，硬度为 57～60 HRC。

3）力学性能

18Ni 类钢的力学性能如表 3-31 所示。

表 3-31　18Ni 类钢的力学性能

钢　号	固溶温度/℃	时效温度/℃	时效硬度/HRC	σ_b/MPa	σ_s/MPa	δ/%	ψ/%
18Ni(250)	815～830	450±5	50～52	1 850	1 800	10～12	48～58
18Ni(300)	815～830	450±5	53～54	2 060	2 010	12	60
18Ni(350)	815～830	450±5	57～60	2 490	—	—	—

4）实际应用

18Ni 类马氏体时效钢主要用于制造高精度、超镜面、型腔复杂、大截面、大批量生产的塑料模具。但因 Ni、Co 等贵重金属元素含量高，价格昂贵，使应用受到限制。

3. 06Ni6CrMoVTiAl（06Ni）钢

06Ni6CrMoVTiAl（06Ni）钢属于低镍马氏体时效钢。该钢突出优点是热处理变形小，抛光性能好，固溶硬度低，切削加工性能好，具有良好的综合力学性能及渗氮、焊接性能。因为合金元素含量低，其价格比 18Ni 型马氏体时效钢低得多。

1）化学成分

06Ni 钢的化学成分如表 3-32 所示。

表 3-32　06Ni 钢的化学成分

成　分	C	Cr	Ni	Mo	V	Ti	Al	Si	Mn	P、S
质量分数/%	≤0.06	1.3～1.6	5.5～6.5	0.9～1.7	0.08～0.16	0.9～1.3	0.5～0.9	≤0.5	≤0.5	≤0.030

2）锻造工艺规范

06Ni 钢的锻造工艺规范如表 3-33 所示。

表 3-33　06Ni 钢锻造工艺规范

项　目	加热温度/℃	始锻温度/℃	终锻温度/℃	冷却方式
钢锭	1 120～1 170	1 070～1 120	≥850	砂冷或灰冷
钢坯	1 100～1 150	1 050～1 100	≥850	空冷或砂冷

3）预备热处理

软化处理：可采用加热温度为 680 ℃ 的高温回火处理达到软化目的。

4）固溶处理

固溶是时效硬化钢必要的工序，通过固溶既可达到软化的目的，又可以保证钢材在最终时效时具有硬化效应。固溶处理可以利用锻轧后快速冷却实现，也可以把钢材加热到固溶温度之后油冷或空冷实现。

固溶处理后，冷却方式不同对固溶和时效硬度影响很大。06Ni 钢在 820 ℃ 固溶后，空冷硬度为 26～28 HRC；油冷硬度为 24～25 HRC，水冷硬度为 22～23 HRC。固溶后冷速越快，硬度越低，但时效硬度值却更高。

06Ni 钢的时效硬度比 18Ni 类高合金马氏体时效钢固溶硬度（28～32 HRC）低，故而切削加工性能优于高合金马氏体时效钢。

推荐的固溶处理工艺：固溶温度为 800～880 ℃，保温 1～2 h，油冷。

5）时效处理

推荐时效处理工艺：时效温度为 500～540 ℃，时效时间为 4～8 h。时效硬度为 42～45 HRC。

6）实际应用

06Ni 钢分别在化工、仪表、轻工、电器、航空航天等领域应用,适宜制造高精度的塑料模具和有色金属压铸模具等。

4. 1Ni3Mn2CuAlMo（PMS）钢

光学塑料镜片、透明塑料制品以及外观光洁、光亮、质量高的各种热塑性塑料壳体件成形模具,国外通常选用表面粗糙度低、光亮度高、变形小、精度高的镜面塑料模具钢制造。

镜面性能优异的塑料模具钢,除要求具有一定强度、硬度外,还要求冷热加工性能好,热处理变形小。特别是还要求钢的纯洁度高,以防止镜面出现针孔、橘皮、斑纹及锈蚀等缺陷。

1Ni3Mn2CuAlMo（PMS）钢是一种低碳的镍铜铝铁合金钢,是新型时效硬化镜面塑料模具钢。具有优良的镜面加工性能、良好的冷热加工性能、电加工性能和综合力学性能。经固溶处理和时效处理后,基体为贝氏体和马氏体双相组织,热处理变形小,热处理工艺简单。它是理想的光学透明塑料制品的成形模具材料。

1）化学成分

PMS 钢的化学成分如表 3-34 所示。碳含量在 0.2% 以下,保证钢的热加工性能及热处理后的韧性,Ni、Al 的加入是为了保证时效硬化后钢的硬度（40 HRC 左右）。

表 3-34　PMS 钢的化学成分

成　分	C	Si	Mn	Mo	Ni	Al	Cu	P、S
质量分数/%	0.06 ~ 0.2	≤0.35	1.4 ~ 1.7	0.2 ~ 0.5	2.8 ~ 3.4	0.7 ~ 1.05	0.8 ~ 1.2	≤0.030

2）工艺性能

锻造:PMS 钢有良好的锻造性能,锻造加热温度为 1 120 ~ 1 160 ℃,终锻温度≥850 ℃,锻后空冷或砂冷。

固溶处理:固溶处理的目的是为了使合金在基体内充分溶解,使固溶体均匀化,并达到软化,便于切削加工。经 840 ~ 850 ℃ 加热 3 h 固溶处理,空冷后硬度为 28 ~ 30 HRC。

时效处理:钢的最终使用性能是通过回火时效处理而获得的,钢出现硬化峰值的温度为（510 ± 10）℃,时效后硬度为 40 ~ 42 HRC。

变形率:PMS 的变形率很小,收缩量 < 0.05%,总变形率径向为 – 0.11% ~ 0.041%,轴向为 – 0.021% ~ 0.026%,接近马氏体钢。

3）实际应用

PMS 镜面塑料模具钢适宜制造各种光学塑料镜片,高镜面、高透明度的注塑模以及外观质量要求极高的光洁、光亮的各种家用电器塑料模。

PMS 钢是含铝钢,渗氮性能好,时效温度与渗氮温度接近,因而,可以在渗氮处理的同时进行时效处理。渗氮后模具表面硬度、耐磨性、抗咬合性均提高,可用于注射玻璃纤维增强塑料的精密成形模具。

PMS 钢还具有良好的焊接性能,对损坏的模具可进行补焊修复。PMS 钢还适于高精度型腔的冷挤压成形。

5. SM2CrNi3MoAl1S（SM2）钢

SM2CrNi3MoAl1S（SM2）钢是一种时效硬化易切削塑料模具钢,为了改善机械加工性能,钢中增加了易切削元素 S,易切削效果明显。钢中加入 Al,在时效时可析出硬化相Ni_3Al;加入 Cr 的主要作用是提高钢的淬透性,因此 SM2 钢比 PMS 钢的淬透性高,加入 S 和 Mn,可以形成易切削相 MnS,因此 SM2 钢切削性能优于 PMS 钢,且镜面加工性能良好。SM2 钢的渗氮、氮碳共渗等性能优良。

1)化学成分

SM2 钢的化学成分如表 3-35 所示。

表 3-35　SM2 钢的化学成分

成　分	C	Si	Mn	Cr	Ni	Mo	Al	P	S
质量分数/%	0.2~0.3	0.2~0.5	0.5~0.8	1.2~1.8	3~4	0.2~0.4	1~1.6	≤0.030	≤0.10

2)锻造工艺规范

SM2 钢的锻造工艺规范如表 3-36 所示。

表 3-36　SM2 钢锻造工艺规范

项　　目	加热温度/℃	始锻温度/℃	终锻温度/℃	冷却方式
钢锭	1 140~1 180	1 080	≥850	缓冷
钢坯	1 100~1 150	1 040	≥850	缓冷

3)预备热处理

(1)SM2 钢钢锭退火:温度为 740~760 ℃,保温 14~16 h,炉冷至 500 ℃出炉空冷。

(2)软化处理工艺:870~930 ℃加热,油冷,680~700 ℃高温回火 2 h,油冷,热处理后硬度≤30 HRC。

4)固溶处理

固溶温度为 870~930 ℃,最佳工艺温度为 900 ℃,油冷,硬度为 42~45 HRC。回火温度为 680~700 ℃,油冷,硬度为 28 HRC。固溶回火后硬度低,便于机械加工。

5)时效处理

时效温度为 500~520 ℃,时效时间为 6~10 h,硬度为 40 HRC。

6)力学性能

SM2 钢的室温力学性能如表 3-37 所示。

表 3-37　SM2 钢的室温力学性能

热处理工艺	σ_b/MPa	σ_s/MPa	δ/%	ψ/%	α_k/(J/cm²)	硬度/HRC
900 ℃油淬,700 ℃回火油冷,500~520 ℃时效 6 h	1 176	980	15	45	54	40
900 ℃油淬,520 ℃时效 6~10 h	1 147~1 196	1 058~1 107	11~11.5	49~50	49~57	39~40.5

7)实际应用

SM2 钢生产工艺简单易行,性能优良稳定,使用寿命长,经在电子、仪表、家电、玩具、日用五金等行业塑料模具上推广应用,效果显著。SM2 钢主要用于热塑性塑料模,是目前唯一纳标(YB/T 094—1997)的时效硬化型塑料模具钢。

3.2.5　耐蚀型塑料模具钢

在生产会产生化学腐蚀介质的塑料制品(如聚氯乙烯、氟塑料、阻燃塑料等)时,模具材料必须具有较好的抗蚀性能。当塑料制品的产量不大、要求不高时,可以在模具表面镀铬进行保护,但大多数情况需采用耐蚀钢制造模具,一般采用中碳或高碳的高铬马氏体不锈钢,如2Cr13、3Cr13、4Cr13、9Cr18、9Cr18Mo、Cr14MoV、1Cr17Ni2、Cr18MoV、3Cr17Mo等钢。

为了提高耐蚀模具钢的加工精度,国内又研制了马氏体时效硬化钢PCR(0Cr16Ni4Cu3Nb)和AFC-77(1Cr14Co13Mo5V)钢,这类钢适宜制造要求高耐磨性、高精度和耐腐蚀的塑料模具,提高了耐腐蚀模具钢的产品质量,延长了模具钢的使用寿命。

在研制新的耐腐蚀钢的同时,还引进和应用了国外预硬型耐腐蚀镜面塑料模具钢,例如法国CLC2316H钢、德国X36CrMo17、奥地利百禄公司的M300、瑞典ASSAB S-136、日本大同S-STAR等。

0Cr16Ni4Cu3Nb(PCR)钢

0Cr16Ni4Cu3Nb(PCR)钢是一种马氏体沉淀硬化不锈钢,硬度为32~35 HRC,具有良好的切削加工性能。该钢加工成形后再经460~480 ℃时效处理,由于马氏体基体析出富铜相,使强度和硬度进一步提高,同时可获得良好的综合力学性能。

1)化学成分

PCR钢的化学成分如表3-38所示。

表3-38　PCR钢的化学成分

成　分	C	Mn	Si	Cr	Ni	Cu	Nb	P	S	其他
质量分数/%	≤0.07	≤1.0	≤1.0	15~17	3~5	2.5~3.5	0.2~0.4	≤0.030	≤0.03	添加特殊元素

2)工艺性能

(1)锻造工艺:加热温度为1 180~1 200 ℃,始锻温度为1 150~1 100 ℃,终锻温度≥1 000 ℃,空冷或砂冷。

钢中含有Cu元素,Cu含量对压力加工性能有较大影响。当Cu的质量分数>4.5%时,锻造易出现开裂;当Cu的质量分数<3.5%时可锻性良好。因此,锻造时应充分热透,锻打时要轻锤快打,变形量小,然后可重锤,加大变形量。

(2)固溶处理:固溶温度为1 050 ℃,空冷,硬度为32~35 HRC。在硬度下可进行切削加工。

(3)时效处理:在420~480 ℃时效,其强度和硬度可以达到最高峰值,但在440 ℃时冲击韧性最低。推荐时效温度460 ℃,时效后硬度为42~44 HRC。

(4)淬透性和淬火变形:PCR淬透性好,在φ100 mm断面上硬度均匀分布。回火时效后总变形率低,径向为-0.04%~-0.05%,轴向为-0.037%~0.04%。

3)实际应用

PCR钢适于制作含有氟、氯的塑料成形模具,具有良好的耐蚀性。

具体应用方面,如用于氟塑料或聚氯乙烯塑料成形模、氟塑料微波板、塑料门窗、各种车辆把套、氟氯塑料挤出机螺杆、料筒以及添加阻燃剂的塑料成形模,可作为17-4PH钢的代用材料。

聚三氟氯乙烯阀门盖模具,原用 45 钢或镀铬处理模具,使用寿命 1 000 ~ 4 000 件,用 PCR 钢,当使用 6 000 件时仍与新模具一样,未发现任何锈蚀或磨损,模具寿命达 10 000 ~ 12 000件。

3.2.6 淬硬型塑料模具钢

对于负荷较大的热固性塑料模和注射模,除了型腔表面应有高耐磨性之外,还要求模具基体具有较高强度、硬度和韧性,以避免或减少模具在使用中产生塌陷、变形和开裂现象。这类模具可选用淬硬型塑料模具钢制造。

1. 常用钢种及热处理

常用的淬硬型塑料模具钢有碳素工具钢(T7、T8、T10、T12)、低合金冷作模具钢(9SiCr、9Mn2V、CrWMn、9CrWMn、7CrSiMnMoV)、Cr12 型钢(Cr12、Cr12MoV、Cr12Mo1V)、热作模具钢(5CrMnMo、5CrNiMo、4Cr5MoSiV、4Cr5MoSiV1)、高速钢(W6Mo5Cr4V2)和基体钢等。这些钢最终热处理一般是淬火和低温回火(少数采用中温回火或高温回火),热处理后硬度通常在 45 ~ 50 HRC 以上。

2. 实际应用

碳素工具钢适于制造尺寸不大、受力较小、形状简单以及变形要求不高的热固性塑料模具。

高碳低合金钢主要用于制造尺寸较大、形状复杂和精度较高、生产批量大、耐磨性好的塑料模具。

Cr12 型冷作模具钢主要用于制造要求高耐磨性(含有固态粉末或玻璃纤维)的大型、复杂、高寿命的精密塑料模。

热作模具钢主要用于制造有较高强韧性、使用温度较高和一定耐磨性的塑料模具。

对于大型、精密、型腔形状复杂的塑料模,要求热处理后具有优良耐磨性的模具可以考虑采用基体钢或高速钢。

另外,6CrNiSiMnMo(GD)钢也是近年新推广使用的一种淬硬型塑料模具钢。由于该钢强韧性好、淬透性和耐磨性高,淬火变形小、成本低,可以取代 Cr12MoV 或基体钢,用于制造大型、高耐磨、高精度塑料模,不仅降低了成本,而且提高了模具使用寿命。

3.2.7 无磁模具钢

无磁模具钢包括奥氏体不锈钢和高锰系奥氏体钢,代表钢号有奥氏体不锈钢(1Cr18Ni9Ti 钢)、高锰系奥氏体钢(5Mn15Cr8Ni5Mo3V2 钢、7Mn10Cr8Ni10Mo3V2、7Mn15Cr2Al3V2WMo 钢等)。

1Cr18Ni9Ti 奥氏体不锈钢固溶后呈单相奥氏体组织,适宜制造无磁模具和要求耐蚀性能塑料模具。

高锰系列奥氏体不锈钢经固溶和时效处理后有较好的综合性能,适于制造无磁模具、无磁轴承及其他要求在强磁场中不产生磁感应的结构零件,主要用于制作工作应力较高,使用温度超过 700 ℃的热作模具。

3.2.8　非调质预硬型塑料模具钢

非调质预硬型塑料模具钢的特点是在碳素结构钢或低合金钢中添加一系列微合金元素（如 V、Ti、Nb、N 等），通过控温轧制和控温冷却等强韧化措施使钢在锻造或轧制后具有良好的综合力学性能，硬度一般为 30～40 HRC。它避免了因热处理而产生的变形、开裂等，改善了劳动条件，降低了生产成本，同时也减少了因热处理造成的环境污染，取得较好的效率和经济效益。

代表性的钢号有上海宝山钢铁公司的 B20、B20H、B25 微合金非调质铁素体-珠光体类型塑料模具钢和 B30、B30H 贝氏体类型非调质预硬型塑料模具钢，以及新研制的 F45V、YF4V、YF45MnV、48MnV 等。

这类钢主要用于要求不高的塑料模具零件和模架等。如家电的外壳、通信工具、电话、手机、汽车或车辆门内板、仪表板等模具。

3.2.9　其他塑料模具材料

1. 铜合金

用于塑料模具材料的铜合金主要是铍青铜，如 ZCuBe2，ZCuBe2.4 等。一般采用铸造法制模，不仅成本低、周期短，而且还可以制出形状复杂的模具。铍青铜可以通过固溶-时效强化，固溶后合金处于软化状态，塑性较好，便于机械加工。经过时效处理后，合金的抗拉强度可达 1 100～1 300 MPa，硬度可达 40～42 HRC。铍青铜适用于制造吹塑模、注射模等，以及一些高导热性、高强度和高耐腐蚀性的塑料模具。利用铍青铜铸造模具可以复制木纹和皮革纹，可以用样品复制人像或玩具等不规则的成形面。

2. 铝合金

铝合金的密度小，熔点低，加工性能和导热性都优于钢，其中铸造铝硅合金还具有优良的铸造性能，因此在有些场合可选用铸造铝合金来制造塑料模具，以缩短制模周期，降低制模成本。常用的铸造铝合金牌号有 ZL101 等，它适于制造高导热率、形状复杂和制造周期短的塑料模具。形变铝合金 LC9 也是用于塑料模具的铝合金之一，由于它的强度比 ZL101 高，可制作要求强度较高且有良好导热性的塑料模具。

3. 锌合金

用于制造塑料模具的锌合金大多为 Zn-4Al-3Cu 共晶合金。该合金通过铸造方法易于制出光洁而复杂的模具型腔，并可以降低制模费用和缩短制模周期。锌合金的不足之处是高温强度较差，且合金易老化，因此锌合金塑料模具长期使用后易出现变形甚至开裂，这类锌合金适合制造注射模和吹塑模等。

用于制作塑料模具的锌合金还有铍锌合金和镍钛锌合金。铍锌合金有较高的硬度（150 HBS），耐热性好，所制作的注塑模的使用寿命可达几万至几十万件。镍钛锌合金由于镍和钛的加入可使强度、硬度提高，从而使模具寿命成倍延长。

3.3　塑料模具钢选用

塑料模具选材时既要保证使用性能和工艺性能的要求,同时要满足价格低廉。塑料模具的成本主要由模具加工、模具材料和热处理的成本决定。虽然模具材料在模具生产成本中所占的比例不大,但是为了提高经济效益,降低生产成本,必须根据模具各类零件的工作条件、失效、性能情况,进行合理选材,从而满足生产需要。

3.3.1　塑料模具材料的选用原则及方法

1. 根据塑料制品的种类和特性选择模具材料

(1)对型腔表面要求耐磨性好,心部要求韧性好,但形状并不复杂的塑料注射模,可选用低碳结构钢和低碳合金结构钢。这类钢在退火状态下塑性很好、硬度低,退火后硬度为85~135 HBS,变形抗力小,可用冷挤压成形,大大缩减了切削加工量,如20钢、20Cr均属于此类钢。对于大、中型且型腔复杂的模具,可选用LJ钢和12Cr2Ni3A、12CrNi4A等优质渗碳钢。这类钢经渗碳、淬火、回火处理后,型腔表面有很好的耐磨性,模体有很好的强度和韧性。

(2)对聚氯乙烯、氟塑料及阻燃ABS塑料制品,所有模具材料必须有较好的抗蚀性。因为这些塑料在熔融状态会分解出氯化氢(HCl)、氟化氢(HF)和二氧化硫(SO_2)等气体,对模具型腔有一定的腐蚀性。这类模具中的成形件常用耐蚀塑料模具钢,例如PCR、AFC - 77、18Ni及4Cr13等。

(3)对生产玻璃纤维增强材料的塑料制品的注射模或压缩模,要求高硬度、高耐磨性、高抗压强度和较高韧性,以防止塑料模具型腔表面被过早磨损失效,或因模具受高压而发生局部变形,故常采用淬硬模具钢制造这类模具。经淬火、回火后得到所需的力学性能,例如T8A、T10A、Cr6WV、Cr12、Cr12MoV、9Mn2、9SiCr、CrWMn、GCr15、65Nb等淬硬型模具钢。

(4)制造透明制品的模具,要求模具钢材有良好的镜面抛光性能和高耐磨性能,所以采用P20、PMS、5NiSCa等预硬型塑料模具钢。

不同的塑料原料制造大小、形状不同的塑料制品时,应选择不同的塑料模具钢。表3-39所示为根据塑料制品的种类选用塑料模具钢的举例。

表 3-39　根据塑料制品的种类选用塑料模具钢

代表性塑料及制品		模具要求	适用钢材
ABS	电视机壳、音响设备	高强度、耐磨损	SM55、40Cr、P20、SM1、SM2、8CrMn
PP	电扇扇叶、容器		
ABS	汽车仪表盘、化妆品容器	高强度、耐磨损、光刻性	PMS、20CrNi3MoAl
有机玻璃 AS	仪表罩、汽车灯罩	高强度、耐磨损、抛光性	5NiSCa、SM2、PMS、P20
POM、PC	工程塑料制件、汽车仪表盘、电动工具外壳	高耐磨性	65Nb、8CrMn、PMS、SM2

续表

代表性塑料及制品		模具要求	适用钢材
酚醛、环氧树脂	齿轮等	高耐磨性	65Nb、8CrMn、06NiTiCr
阻燃 ABS	电视机壳、收录机壳	耐腐蚀	PCR
PVC	电话机、阀门、管件、门把手	强度及耐腐蚀	38CrMoAl、PCR
有机玻璃 PS	照相机镜头、放大镜	抛光性的防锈性	PMS、8CrMn、PCR

2. 根据塑料件的生产批量大小选择模具材料

选用模具钢材品种也与塑料件生产的批量大小有关。当塑料件生产批量小,对模具的耐磨性及使用寿命要求不高。为了降低模具造价,不必选用高级优质模具钢,而选用普通模具钢即可满足使用要求。根据塑料件生产批量选用塑料模具钢时可参照表 3-40。

表 3-40　根据塑料件生产批量选用塑料模具钢

生产批量/件	选择材料
20 万以下	SM45、SM50、SM55、40Cr
>20～30 万	P20、3Cr2Mo、5CrNiMnMoVSCa、8Cr2MnWMoVS
>30～60 万	P20、3Cr2Mo、5CrNiMnMoVSCa、SM2
>60～80 万	SM3Cr2NiMo、5CrNiMnMoVSCa、SM1
>80～150 万	SM2CrNi3MoAl1S、PMS
200 万以上	65Nb、06Ni6CrMoVTiAl、SM2CrNi3MoAl1S 渗氮

3. 根据塑料件的尺寸大小及精度要求选择

对大型高精度的注射成形模具,当塑料件生产批量大时,采用预硬化钢。模具型腔大,模具壁厚加大,对钢的淬透性要求高,热处理要求变形小。因此,钢材在机械加工前进行预硬处理,模具机加工后不再进行热处理,以防止热处理变形。预硬钢要有较高的耐磨性、又有高的强度和韧性,可选用 3Cr2Mo、8CrMn、4Cr5MoSiV、P4410、SM1、PMS 等钢。

4. 根据塑料件形状的复杂程度选择

对于复杂型腔的塑料注射模,为了减少模具热处理后产生的变形和裂纹,应选用加工性能好和热处理变形小的模具材料,如 40Cr、3Cr2Mo、SM2、4Cr5MoSiV 等。如果塑料件生产批量较小,可选用碳素结构钢经调质处理,使用效果较好。

3.3.2　塑料模具结构零件的材料选用

塑料模具结构常用零件选材及热处理如表 3-41 所示。

表 3-41　塑料模具结构常用零件选材及热处理

类别	零件名称	材料牌号	热处理方法	硬度	说明
模体零件	动、静模座板 浇道推板、垫板	45	正火	160～200 HB	此正火硬度一般指进货状态,下同
			调质	230～270 HB	
	动模固定板 静模固定板	S50C、45	正火	160～200 HB	
			调质	230～270 HB	
	推件板	45	调质	230～270 HB	
		T8A、T10A	淬火	54～58 HRC	
	推出板	45	正火	160～200 HB	
	推杆固定板	45	正火	160～200 HB	
	垫块	45、Q235	进货状态		
浇注零件	浇口套	SKD61	淬火	48～52 HRC	
		T8A、T10A	淬火	46～50 HRC	
导向零件	大导柱 大导套	GCr15 或 SUJ2	淬火	56～62 HRC	
		T8A、T10A	淬火	52～56 HRC	
	重定杆 小导柱、小导套	T8A、T10A	淬火	52～56 HRC	
		GCr15 或 SUJ2	淬火	56～62 HRC	
	小导柱嵌套	45	淬火	48～52 HRC	
抽芯零件	斜导柱	T8A、T10A	淬火	54～58 HRC	
		Cr12	淬火	54～58 HRC	
	滑块 斜滑块	P20、P20 + Ni	预硬	30～40 HRC	渗氮 700～800 HV
		40Cr	正/退火	175～230 HB	渗氮 700～800 HV
		45	正火	170～220 HB	渗氮 600～800 HV
	楔紧块 锁紧楔	T8A、T10A	淬火	54～58 HRC	
		45	淬火	43～48 HRC	
	耐磨块	40Cr	正/退火	175～230 HB	渗氮 700～800 HV
		T8A、T10A	淬火	54～58 HRC	
顶出零件	顶杆顶管 拉料杆	SKD61	淬火	50～60 HRC	
		65Mn	淬火	50～55 HRC	
		4Cr5MoSiV1 （H13）	淬火	38～42 HRC	芯部
			渗氮	900～1 100 HV	深度 0.3 mm
		T8A、T10A	淬火	50～55 HRC	

续表

类别	零件名称	材料牌号	热处理方法	硬度	说明
顶出零件	顶出块	P20、P20 + Ni	预硬	30 ~ 40 HRC	渗氮 700 ~ 800 HV
		40Cr	正/退火	175 ~ 230 HB	渗氮 700 ~ 800 HV
		45	正火	170 ~ 220 HB	渗氮 600 ~ 800 HV
定位零件	定位圈	45	正火	160 ~ 200 HB	
	导套定位圈	45	正火	160 ~ 200 HB	
	推出限位块	45	正火	160 ~ 200 HB	日本用 S45C,表面发黑处理
	限位钉	45	正火	160 ~ 200 HB	日本用 S45C,一类不热处理
		45	淬火	46 ~ 50 HRC	另一类淬火 46 ~ 50 HRC
	圆锥定位件	45	淬火	43 ~ 48 HRC	日本用 SKD11(Crl2MoV) 58 ~ 62 HRC
	定聚螺钉	45	淬火	33 ~ 38 HRC	日本用 SCM435(35CrMo) 33 ~ 38 HRC
其他零件	立柱	45	正火	160 ~ 200 HB	
	弹簧	65Mn、50CrVA	淬火 + 回火	45 ~ 50 HRC	中温回火
	冷却水丝堵	45	淬火	33 ~ 38 HRC	表面发黑处理
	油嘴内接头	45、40Cr	进货状态		一般不得用黄铜
	滑块导轨 滑块垫块	CrWMn、9CrWMn	淬火	53 ~ 56 HRC	较长件,注意工作面上加油槽
		40Cr、3Cr2Mo	淬火	37 ~ 42 HRC	较短件,注意工作面上加油槽
	滑块拉钩	30CrMoA 40CrNiMoA	淬火	45 ~ 50 HRC	注意工作面上加油槽
	锁模组	45、A3	进货状态		

3.3.3 塑料模具材料选用实例

图 3-1 为塑料模具结构示意图,塑料模具明细如表 3-42 所示。

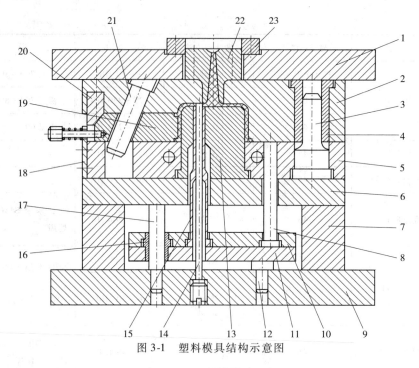

图 3-1　塑料模具结构示意图

表 3-42　塑料模具明细表

序　号	名　　称	材　料	硬　　度
1	定模座板	45 钢	13~15 HRC
2	凹模	NAK80	
3	导柱	SUJ2	58~61 HRC
4	导套	SUJ2	58~61 HRC
5	型芯固定板	45 钢	13~15 HRC
6	支撑板	45 钢	13~15 HRC
7	方铁	45 钢	13~15 HRC
8	复位杆	SUJ2	58~61 HRC
9	动模座板	45 钢	13~15 HRC
10	顶杆固定板	45 钢	13~15 HRC
11	固定板垫板	45 钢	13~15 HRC
12	垃圾钉	45 钢	46~50 HRC
13	型芯	NAK80	
14	型芯	NAK80	
15	推管	SUJ2	58~61 HRC
16	推板导套	SUJ2	58~61 HRC
17	推板导柱	SUJ2	58~61 HRC
18	限位块	T8A	50~55 HRC
19	侧滑块	PD613	54~56 HRC
20	锁紧块	T8A	50~55 HRC
21	斜导柱	Cr12MoV	58~61 HRC
22	浇口套	SKD61	48~52 HRC
23	定位环	45	42~46 HRC

第4章　热作模具材料及热处理

热作模具材料主要用于制造高温状态下进行压力加工的模具。热作模具在工作时承受着很大的冲击力,模腔和高温金属接触,本身温度常达 300 ~ 400 ℃,局部可达 500 ~ 700 ℃,还经受着反复的加热和冷却,其使用条件非常恶劣,这就要求热作模具材料在不同温度条件下具有高的强度、韧性、耐磨性、抗疲劳性以及热稳定性,所以要正确选择热作模具钢和进行合理的热处理工艺。热作模具主要包括热锻模、热挤压模、热冲裁模和压铸模等。

4.1　热作模具材料性能要求及分类

4.1.1　热作模具失效形式

热作模具的失效除了冷作模具常出现的磨损、断裂和变形外,更多的会出现冷热疲劳、塌陷和热浸蚀等失效形式。

1. 热磨损失效

热锻模的磨损主要是由于模具表面与被加工高温工件之间的摩擦无法得到润滑,使高温工件氧化,模腔表层被回火软化,低硬度又加剧了磨损,严重的磨损使模具无法加工出合格产品而报废失效。

2. 冷热疲劳

冷热疲劳又称热疲劳或龟裂。热作模冷热疲劳是其表面反复经受加热和冷却所产生的应力引起疲劳的结果,是热作模具常见和特有的失效形式,特别是压铸模,是其造成失效的主要形式。压铸模具形成龟裂的原因是浇注温度和模具的预热温度之差,温差越大冷却速度越快,则热疲劳裂纹越容易产生,其次和热循环的速度、模具的热处理工艺和表面处理也有密切的关系。根据国内铝材压铸模具的失效形式统计,由于冷热疲劳而导致失效的模具占失效模具总数的 60% ~ 70% 。

3. 断裂失效

断裂和开裂失效占热锻模失效总数的 20% ~ 30% ,占压铸模失效的 10% 左右。造成断裂失效的原因很多,如模具设计、材质、热处理工艺、模具加工、安装和使用等,模具断裂一般起源于模具型腔尖角处或应力集中处。由于断裂造成模具报废,其危害性大,所以受到广泛重视。

4. 腐蚀

腐蚀是热作模具特有的损坏形式。腐蚀包括冲蚀、侵蚀和熔蚀。在压铸模具中常会引起冲蚀,这是在高温下模具受到液体金属的物理和化学作用,在模具表面产生的腐蚀现象。热锻模型腔内的损坏,取决于金属坯料的塑性、变形程度和受力状态,腐蚀部位往往出现在模具型腔内局部地区。

5. 塌陷

模具型腔面变形塌陷,使被加工零件尺寸超差,造成模具失效。这种失效形式主要出现在热锻模上。

4.1.2 热作模具钢的使用性能要求

热作模具在工作时承受着很大的冲击力,模腔和高温金属接触,反复地加热和冷却,其使用条件极其恶劣。为了满足热作模具的使用要求,热作模具钢应具备下列基本特性:

(1)较高的高温强度和良好的韧性。热作模具,尤其是热锻模,工作时承受很大的冲击力,而且冲击频率很高,如果模具没有高的强度和良好的韧性,就容易开裂。

(2)良好的耐磨性能。由于热作模具工作时除受到毛坯变形时产生摩擦磨损之外,还受到高温氧化腐蚀和氧化铁屑的研磨,所以需要热作模具钢有较高的硬度和抗黏附性。

(3)高的热稳定性。热稳定性是指钢材在高温下可长时间保持其常温力学性能的能力。热作模具工作时,接触的是炽热的金属,甚至是液态金属,所以模具表面温度很高,一般为400~700 ℃。这就要求热作模具钢在高温下不发生热化,具有高的热稳定性,否则模具就会发生塑性变形,造成堆塌而失效。

(4)优良的耐热疲劳性,热作模具的工作特点是反复受热受冷,模具一时受热膨胀,一时又冷却收缩,形成很大的热应力,而且这种热应力是方向相反,交替产生的。在反复热应力作用下,模具表面会形成网状裂纹(龟裂),这种现象称为热疲劳,模具因热疲劳而过早地断裂,是热作模具失效的主要原因之一。所以热作模具钢必须要有良好的热疲劳性。

(5)高淬透性。热作模具一般尺寸比较大,热锻模尤其是这样,为了使整个模具截面的力学性能均匀,这就要求热作模具钢有高的淬透性能。

(6)良好的导热性。为了使模具不致积热过多,导致力学性能下降,要尽可能降低模面温度,减小模具内部的温差,这就要求热作模具钢要有良好的导热性能。

(7)良好的成形加工工艺性能,以满足加工成形的需要。

4.1.3 热作模具钢的成分特点

热作模具钢的含碳量一般在 0.3% ~0.6% 之间。含碳量过高,塑性和韧性下降,导热性较差;含碳量过低,则硬度和耐磨性达不到要求。

热作模具钢中一般加入 Cr、Ni、Si、Mn 等元素,以提高钢的韧性和强度,同时 Cr、Ni、Mn 还显著提高了钢的淬透性。为了细化晶粒,提高钢的回火脆性,可加入 Mo、W 和 V 等元素。此外,Mo 还能减少回火脆性。

4.1.4 热作模具钢的分类

热作模具钢的分类方法很多,可以根据合金元素含量及热处理后的性能分类,可以按用途分,也可以按合金元素分类。

(1)按用途可分为热锻模用钢、热挤压模用钢、压铸模用钢,热冲裁模用钢。

(2)按耐热性可分为低耐热钢(350~370 ℃)、中耐热钢(550~600 ℃)、高耐热钢。

(3)按特有性能分为高韧性热作模具钢、高热强热作模具钢、高耐磨热作模具钢。

(4)按合金元素分类可分为低合金热作模具钢(钨系、铬系和钼系)、中合金热作模具钢和高合金热作模具钢(钨钼系和铬钼系);或分为钨系热模钢、铬系热模钢及铬钨钼系热模钢。铬钨系高合金热作模具钢的高温强度及热稳定性不及钨钼系,而冷热疲劳抗力及韧性比钨钼系高。

表 4-1 所示为热作模具钢的分类,可供选用时参考。从表 4-1 中可以看出,对每一种用途的热作模具钢,可以有不同性能,不同合金元素含量,而每一种钢号的热作模具钢,也可以用做几种用途的模具,因此对热作模具钢做出统一的分类相当困难。

表 4-1 热作模具钢的分类

按用途分	按性能分	按金属元素分	钢 号
热锻模用钢	高韧性热作模具钢	低合金热作模具钢	5CrMnMo、5CrNiMo、4CrMnSiMoV
压铸模用钢	高热强热作模具钢	中合金热作模具钢	4Cr5MoSiV1、3Cr2W8V
热冲裁模用钢	高耐磨热作模具钢	低合金高碳模具钢	8Cr3
热挤压模用钢	高热强热作模具钢	中合金热作模具钢	3Cr2W8V、4Cr5MoSiV、4Cr5MoSiV1、4Cr5W2VSi、3Cr3Mo3W2V、4Cr3Mo3SiV、5Cr4W5Mo2V、5Cr4Mo3SiMnVAL
	特高热强热作模具钢	高合金热作模具钢	7Mn15Cr2AL3V2WMo

4.2 热作模具钢及热处理要求

4.2.1 热锻模用钢(高韧性、低合金)

热锻模是在高温下通过冲击力或压力使炽热的金属坯料成形的模具,包括锤锻模、压力机锻模、热镦模、精锻模和高速锻模等,其中锤锻模最具代表性。

热锻模在工作中受到高温、高压、高冲击负荷的作用。在锻造过程中,模具型腔与温度很高的锻坯接触,模具工作面温升常达 300~400 ℃,有时局部温度可达 500~700 ℃。模具在锻打后,又受到反复冷却,即在急冷急热条件下工作;模具型腔与变形金属发生相互摩擦,即工作面受到热磨损,这就是锻模的工作条件。

热锻模的损伤形式和性能要求如图 4-1 所示。锻模要求具有高温耐磨性、耐热龟裂性及耐开裂性。这类模具钢要求淬透性高、冲击韧度好、热疲劳抗力高、导热性能好,具有较高的抗回火稳定性及高温强度,较好的抗氧化性能和加工工艺性能。

热锻模钢中碳的质量分数为 0.30%~0.50%,属于亚共析钢,从而保证钢的强韧性。为了提高钢的淬透性能,通常加入 Cr、Ni、Mn、Mo、V 等合金元素,其合金元素总量一般在 5%以下。Cr、Ni、Mn 等合金元素的加入可提高淬透性,并有强化作用;加入 Mo 可以提高回火抗力,防止回火脆性;加入 V 可细化晶粒;同时 Mo、V 可以形成碳化物,提高耐磨性。

常用的热锻模具钢有 5CrNiMo、5CrMnMo、4CrMnSiMoV 等,此外还有国内新研制的钢种,如 4SiMnMoV、5Cr2NiMoVSi、45Cr2NiMoVSi 等。

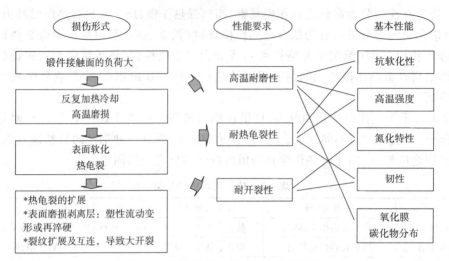

图 4-1　热锻模的损伤形式和性能要求

1. 5CrNiMo 钢

5CrNiMo 钢是 20 世纪 30 年代初应用的热作模具钢,至今仍广泛应用。该钢具有良好的韧性、强度和高耐磨性,但热稳定性差,高温强度低。

1)5CrNiMo 钢锻造工艺规范(见表 4-2)

表 4-2　5CrNiMo 钢锻造工艺规范

项　　目	加热温度/℃	始锻温度/℃	终锻温度/℃	冷 却 方 式
钢锭	1 140 ~ 1 180	1 100 ~ 1 150	800 ~ 880	缓冷(坑冷或砂冷)
钢坯	1 100 ~ 1 150	1 050 ~ 1 100	800 ~ 850	缓冷(坑冷或砂冷)

5CrNiMo 钢在空气中冷却即能淬硬,并易形成白点,因此锻造后应缓慢冷却。对于大型锻件,必须放到 600 ℃ 的炉中,待温度一致以后,再缓慢冷却到 150 ~ 200 ℃,然后再在空气中冷却。对于较大的锻件,建议在冷却到 150 ~ 200 ℃ 以后,立即进行回火加热。

2)预备热处理

(1)锻后退火。加热温度为 760 ~ 780 ℃,保温 4 ~ 6 h,炉冷至 500 ℃ 以下出炉空冷,退火后硬度为 197 ~ 241 HBS,组织为珠光体和铁素体。

(2)锻后等温退火。加热温度为 850 ~ 870 ℃,保温 4 ~ 6 h;等温温度为 680 ℃,保温 4 ~ 6 h,炉冷至 500 ℃ 以下出炉空冷,退火后硬度为 197 ~ 241 HBS;组织为珠光体和铁素体。

(3)锻模翻新退火。加热温度为 710 ~ 730 ℃,保温 4 ~ 6 h,炉冷至 500 ℃ 以下出炉空冷。退火后硬度为 197 ~ 241 HBS。

3)淬火及回火

(1)推荐淬火规范如表 4-3 所示。

表 4-3 5CrNiMo 钢推荐的淬火工艺规范

| 淬火温度/℃ | 冷 却 | | | 硬度/HRC |
	介 质	介质温度/℃	延 续	
830 ~ 860	油	20 ~ 60	至 150 ~ 180 ℃后立即回火	53 ~ 58

（2）推荐回火规范如表 4-4 所示。

表 4-4 5CrNiMo 钢推荐回火工艺规范

方 案	回火用途	锻模规格		加热温度/℃	加热设备	硬度/HRC
I	消除应力稳定组织和尺寸	小型		490 ~ 510	煤气炉或电炉	44 ~ 47
		中型		520 ~ 540		38 ~ 42
		大型		560 ~ 580		34 ~ 37
II		燕尾	中型	620 ~ 540		34 ~ 37
			小型	640 ~ 660		30 ~ 35

回火后均需油冷,以防回火脆性的产生,为了消除油冷时产生的应力,可在 160 ~ 180 ℃ 再回火一次。特别注意 5CrNiMo、5CrMnMo 这两类钢,无论淬火还是回火都不能在油中冷到室温,否则容易开裂。表 4-5 所示为淬火、回火温度对 5CrNiMo 钢冲击韧度的影响。表 4-6 所示为淬火、回火温度对硬度的影响。

表 4-5 淬火、回火温度对 5CrNiMo 钢冲击韧度的影响

α_k/(J·cm^{-2}) 　　　回火温度/℃ 淬火温度/℃	300	350	400	450	500	550	600
840	21	25	29	35	45	56	71
950	19	20	23	25	35	49	62
1 000	13	16	20	23	30	40	54

表 4-6 淬火、回火温度对硬度的影响

硬度/HRC 　　　回火温度/℃ 淬火温度/℃	300	350	400	450	500	550	600
850	52	50	48	45	41	38	32
900	52	50	48	45	41	38	32
950	53	51	49	46	42	39	33
1 000	54	52	50	47	43	40	34

（3）高温淬火、回火工艺。近年来研究表明:随着淬火温度的提高,5CrNiMo 钢的组织以板条状马氏体为主,而板条状马氏体比针状马氏体具有更高的韧性,同时钢中的碳化物溶解

更充分,使钢的一系列性能发生变化,断裂韧度有所提高,抗回火能力和热稳定性也得到提高。淬火温度提高后,能推迟热疲劳裂纹的产生,但超过 900 ℃加热淬火,冲击韧度开始下降。实践证明,高温淬火后模具的使用寿命有不同程度的提高。

高温淬火温度为 890 ~ 910 ℃,油冷,淬火硬度为 61.5 HRC。淬火后组织为板条马氏体和体积分数为 9.2%左右的残留奥氏体,晶粒度为 7 ~ 8 级。

回火温度为 420 ~ 550 ℃,回火两次,硬度为 38 ~ 47 HRC。

(4)等温淬火工艺。热锻模加热油淬,当模具表面温度冷到 150 ~ 200 ℃时,即带温转入 280 ~ 300 ℃的等温槽,保温 2 ~ 3 h。由于淬火时先获得少量马氏体、下贝氏体和残留奥氏体组织,回火后马氏体转变为下贝氏体组织。该工艺减少了模具的开裂,模具的使用寿命显著提高。例如 5CrNiMo 钢法兰盘模具,普通淬火模具寿命是 8 500 件,等温淬火模具寿命为 13 000 件。

2. 5CrMnMo 钢

5CrMnMo 钢是传统的热锻模具钢,钢中加入 Cr 可以提高淬透性、高温强度和抗氧化能力;加入 Mo 主要是为了抑制回火脆性,提高耐回火性。该钢与 5CrNiMo 钢的各项性能相似,是在考虑我国资源情况的基础上,为节约镍而以锰代镍研制的,淬透性稍差,高温工作时的耐热疲劳性也低于 5CrNiMo 钢。5CrMnMo 钢适用于制造要求较高强度和高耐磨性的各种类型锻模(边长≤400 mm)。要求韧性较高时,可以采用电渣重熔。

1)5CrMnMo 钢锻造工艺规范

5CrMnMo 钢锻造工艺规范如表 4-7 所示。

表 4-7 5CrMnMo 钢锻造工艺规范

项　　目	加热温度/℃	始锻温度/℃	终锻温度/℃	冷 却 方 式
钢锭	1 140 ~ 1 180	1 100 ~ 1 150	900 ~ 850	缓冷(坑冷或砂冷)
钢坯	1 100 ~ 1 150	1 050 ~ 1 100	800 ~ 850	缓冷(坑冷或砂冷)

2)预备热处理

(1)一般退火。加热温度为 760 ~ 780 ℃保温 2 ~ 4 h,炉冷至 500 ℃以下出炉空冷,退火后硬度为 197 ~ 241 HBS。

(2)锻后等温退火。加热温度为 850 ~ 870 ℃,保温 2 ~ 4 h;炉冷却至 680 ℃,保温 4 ~ 6 h,炉冷至 500 ℃以下出炉空冷。退火后硬度为 197 ~ 241 HBS。

(3)锻模翻新退火。加热温度为 720 ~ 740 ℃,保温 2 ~ 6 h,炉冷至 500 ℃以下出炉空冷。

3)淬火及回火

(1)推荐淬火、回火规范分别如表 4-8、表 4-9 所示。回火用途为消除应力,稳定组织和尺寸。常温力学性能与回火温度的关系如表 4-10 所示。

表 4-8 5CrMnMo 钢推荐淬火工艺规范

淬火温度/℃	冷　　却			硬度/HRC
	介　质	温度/℃	冷　　却	
820 ~ 850	油	150 ~ 180	至 150 ~ 180 ℃,小型模具空冷,大中型模具立即回火	52 ~ 58

表 4-9 5CrMnMo 钢推荐回火工艺规范

回火部位		加热温度/℃	加热介质	硬度/HRC
模具工作部位	小型锻模	490~510	煤气炉或电炉	47~47
	中型锻模	520~540		38~41
锻模燕尾部分	小型锻模	600~620		35~39
	中型锻模	620~640		34~37

注:一般回火两次,每次回火后均需冷却,以防回火脆性的产生。

表 4-10 常温力学性能与回火温度的关系

回火温度/℃	200	300	400	450	500	550	600	650
硬度/HRC	57	52	47	44	41	37	34	30
σ/MPa	—	—	—	1 630	1 600	1 430	1 260	1 120
α_k/(J·cm^{-2})	—	—	—	19	20	27	42	30
δ/%	—	—	—	5.5	7.5	9.5	10	11.5

注:840 ℃油淬。

(2)高温淬火、回火工艺。高温淬火可以获得细致的板条状马氏体,强韧性较好,但超过 900 ℃加热淬火,冲击韧度等性能开始下降。生产实践证明高温淬火后模具的使用寿命都有了不同程度的提高。高温淬火温度为 890~900 ℃,油冷,硬度为 61.5 HRC。回火温度为 420~550 ℃,回火两次。

(3)等温淬火:

①加热温度为 840~860 ℃,加热后将模具放于 160~180 ℃硝盐中分级停留,使之发生部分马氏体转变,然后再转入 280~300 ℃硝盐中保温停留 2~3 h。

②加热温度为 840~860 ℃,淬入油中,待模具表面冷到 150~200 ℃时,带温转入等温槽,在 280~300 ℃保温 2~3 h。

采取以上两种淬火方法后,模具钢的组织为马氏体、下贝氏体和残留奥氏体,回火后获得回火下贝氏体组织。这种工艺减少了模具的使用过程中的开裂,提高了模具的使用寿命。

4)实际应用

与 5CrNiMo 钢相比,该钢的淬透性及韧性均较低,因此,只适用于制造较高强度和耐磨性,而对韧性要求不高的各种中、小型锤锻模具及部分压力机模块,也可用于工作温度低于 500 ℃的其他小型热作模具。

3. 4CrMnSiMoV 钢

4CrMnSiMoV 钢是原冶金部标准中推荐使用的 5CrMnSiMoV 钢的改进型。原钢种的合金元素种类及含量均未变动,只是含碳量质量分数降低了约 0.1%。其目的是在保持原有强度水平的基础上提高钢的韧性。该钢具有较高的强度、耐磨性,良好的冲击韧度、淬透性,并有较高的抗回火性以及好的高温强度和耐热疲劳性能。其高温性能、抗回火稳定性、热疲劳性均比 5CrMnMo、5CrNiMo 钢好,可以用来代替 5CrNIMo 钢。4CrMnSiMoV 钢的冷、热加工性能好,适于制造各种类型的锤锻和压力机锻模。

1)4CrMnSiMoV 钢锻造工艺规范(见表 4-11)

表 4-11　4CrMnSiMoV 钢锻造工艺规范

项　目	加热温度/℃	始锻温度/℃	终锻温度/℃	冷 却 方 式
钢锭	1 160 ~ 1 180	1 100 ~ 1 150	≥850	缓冷(坑冷或砂冷)
钢坯	1 100 ~ 1 150	1 050 ~ 1 100	≥850	缓冷(坑冷或砂冷)

2)预备热处理

等温退火工艺:加热温度为 840 ~ 860 ℃,保温 2 ~ 4 h;等温温度为 700 ~ 720 ℃,保温 4 ~ 8 h,炉冷至 500 ℃以下出炉空冷。

3)淬火及回火

(1)推荐的淬火规范:淬火温度为 860 ~ 880 ℃,油冷,硬度为 56 ~ 58 HRC。不同温度淬火后的硬度如表 4-12 所示。

表 4-12　4CrMnSiMoV 钢不同温度淬火后的硬度

淬火温度/℃	800	850	860	870	875	885	900
硬度/HRC	46	56	57	58	58	58	57

(2)推荐的回火规范如表 4-13 所示。硬度与回火温度的关系如表 4-14 所示。

表 4-13　4CrMnSiMoV 钢推荐的回火工艺规范

模具类型	回火温度/℃	回 火 设 备	回火硬度/HRC
小型	520 ~ 580	空气炉	43.7 ~ 48.7
中型	580 ~ 630	空气炉	40.7 ~ 43.7
大型	610 ~ 650	空气炉	37.8 ~ 41.7
特大型	620 ~ 660	空气炉	36.9 ~ 39.7

表 4-14　4CrMnSiMoV 钢的硬度与回火温度的关系

回火温度/℃	淬火后	300	400	450	500	550	600	650	700
硬度/ HRC	56	52	49	48	47	46	42	38	80

注:870 ℃油淬。

4)实际应用

4CrMnSiMoV 钢适用于大、中型锻模,也可用于中小型热锻模具。与 5CrNiMo 钢比较,4CrMnSiMoV 钢模具的使用寿命高,如连杆模、前梁模、齿轮模、突缘节模(深型模)等,均比 5CrNiMo 钢模具寿命提高 0.1 ~ 0.8;用于矫正模、弯曲模等,比 5CrNiMo 钢模具寿命提高 0.5 ~ 2倍。

4.2.2　热挤压模用钢(高热强、中合金)

热挤压模的工作条件相当苛刻,承受压缩应力和弯曲应力,脱模时也承受一定的拉应力。另外还受到冲击负荷的作用。模具与炽热金属接触时间较长,使其受热温度比热锻模更高,尤其是用于加工钢铁材料和难熔金属时,工作温度高达 600 ~ 800 ℃。热挤压模的失效形式主要是模腔过量塑性变形、开裂、热疲劳和热磨损。但这类模具的尺寸一般比热锻模小,因此,对于这类模具特别要求具有高的热稳定性,较高的高温强度和足够的韧性,良好的耐热疲劳性和高的耐磨性。

常用的热挤压模具用钢是钨系热作模具钢和铬系热作模具钢,还有铬钼系、钨钼系和铬钼钨系等新型的热作模具钢以及基体钢等。

钨系热作模具钢的代表性钢种为传统的 3Cr2W8V 钢,由于其耐热疲劳性差,在热挤压模方面应用将逐渐减少,但在压铸模方面应用较多,故在压铸模用钢中详细介绍。

铬系热作模具钢的代表性钢种有 4Cr5MoSiV(H11)、4Cr5MoSiV1(H13)和 4Cr5W2VSi(W2)等。这类钢种是我国引进钢号中应用最大、推广最广泛的钢种。

铬钼系热作模具钢的代表性钢种有 4Cr3MoSiV(H10)、3Cr3Mo3W2V(HM1)等。

1. 4Cr5MoSiV(H11)钢

H11 钢是一种空冷硬化的热作模具钢,在中温条件下具有很好的韧性,有较好的热强度、热疲劳性能和一定的耐磨性,在较低的奥氏体化温度条件下空淬,热处理变形小,空淬时产生氧化皮倾向小,而且可以抵抗熔融铝的冲蚀作用。H11 钢通常用于制造加工铝铸件用的压铸模、热挤压模,穿孔用的工具,芯棒、压力机锻模以及塑料模等。此外由于 H11 钢具有好的中温强度,因此亦被用于制造耐 400 ~ 500 ℃工作温度的飞机、火箭等的结构件。

1)H11 钢锻造工艺规范(见表 4-15)

表 4-15　H11 钢锻造工艺规范

项　　目	加热温度/℃	始锻温度/℃	终锻温度/℃	冷 却 方 式
钢锭	1 140 ~ 1 180	1 100 ~ 1 150	≥900	缓冷(坑冷或砂冷)
钢坯	1 120 ~ 1 150	1 070 ~ 1 100	850 ~ 900	缓冷(坑冷或砂冷)

2)预备热处理

(1)锻后退火。工艺加热温度为 860 ~ 990 ℃,保温 2 ~ 4 h,炉冷至 500 ℃以下出炉空冷,退火后硬度≤229 HBS。

(2)去应力退火工艺。加热温度为 730 ~ 760 ℃,保温 3 ~ 4 h,炉冷或空冷。

3)淬火及回火

推荐淬火规范:淬火温度为 1 000 ~ 1 030 ℃,油冷或空冷,硬度为 53 ~ 55 HRC。

推荐回火规范:回火温度为 530 ~ 580 ℃,空冷,回火两次,硬度为 47 ~ 49 HRC。

推荐的表面处理规范如表 4-16 所示。淬火、回火温度与硬度的关系分别如表 4-17、表 4-18 所示。

表 4-16　H11 钢推荐的表面处理规范

工　艺	温度/℃	时间/h	介　　质	渗层厚度/mm	表面硬度/HV
渗氮	560	2	KCH50% + NaCH50%	0.04	690 ~ 640
渗氮	580	8	天然气 + 氨	0.25 ~ 0.30	860 ~ 830
渗氮	540	12 ~ 20	氨的分解率为 30% ~ 60%	0.15 ~ 0.20	760 ~ 550

表 4-17　H11 钢淬火硬度与淬火温度的关系（空淬）

淬火温度/℃	950	975	1 000	1 025	1 050	1 075	1 100
硬度/ HRC	51	53	54.5	56	58	58.5	57.5

表 4-18　H11 钢回火温度与硬度的关系

回火温度/℃	淬后	100	200	300	400	500	550	600	650	700
硬度/ HRC	55.5	55	54	53	53	54	52.5	50	43	30

注：1 030 ℃空冷淬火。

4）力学性能

不同温度回火后的力学性能如表 4-19 所示。H11 钢的高温力学性能如表 4-20 所示。

表 4-19　H11 钢不同温度回火后的力学性能

回火温度/℃	500	550	600	650
硬度/HRC	57	54.5	46.5	37
$\alpha_k/(J \cdot cm^{-2})$	20	45	60	66

注：1 000 ℃油淬。

表 4-20　H11 钢的高温力学性能

温度/℃	室温	200	300	400	450	500	550	600	650
硬度/HRC	51	—	47	44	43	42	38	31	
σ/MPa	1 680	1 600	1 520	1 420	1 400	1 280	1 220	—	—
$\sigma_{0.2}/MPa$	1 490	1 400	1 320	1 200	1 150	1 010	900	620	
$\psi/\%$	50	52	53	57	62	65	68	—	—
$\delta_5/\%$	11	12	13	14	17	17.5	18	—	—
$\alpha_k/(J \cdot cm^{-2})$	52	62	63	65	64	63	62.5	63	69

注：1 000 ℃空淬，580 ℃回火。

2. 4Cr5MoSiV1（H13）钢

4Cr5MoSiV1 钢，即美国的 H13 钢、日本的 SKD61、瑞典（ASSAB）的 8407、德国的 X40CrMoV51、韩国的 STD61、大同特钢公司的 DH11、奥地利百禄公司的 W302、日本日立金属公司的 DAC 和 FDAC 等，虽然有各自的牌号，但都以 H13 钢号出现。目前该钢是国际上广泛应用的一种空冷硬化热作模具钢。

H13 钢含铬质量分数为 5% 左右，另含有 Si、Mo、V 等合金元素，碳含量中等，因而韧性、塑性好，并具有较高的热强度和硬度，在中温条件下具有很好的韧性、热疲劳性能和一定的耐磨性。在较低的奥氏体化温度下空淬，热处理变形小，空淬时产生氧化皮倾向小，可以抵抗熔融铝的冲蚀作用。因此在许多场合已取代我国传统的热作模具钢 3Cr2W8V 钢，该钢广泛用于制造热挤压模具、芯棒、模锻锤的锤模、锻造压力机模具、精锻机用模具以及铝、铜及其合金的压铸模。

1）H13 钢锻造工艺规范（见表 4-21）

表 4-21　H13 钢锻造工艺规范

项　　目	加热温度/℃	始锻温度/℃	终锻温度/℃	冷　却　方　式
钢锭	1 140 ~ 1 180	1 100 ~ 1 150	≥900	缓冷（坑冷或砂冷）
钢坯	1 120 ~ 1 150	1 070 ~ 1 100	850 ~ 900	缓冷（坑冷或砂冷）

2）预备热处理

（1）锻后退火：加热温度为 860 ~ 890 ℃，保温 3 ~ 4 h，炉冷至 500 ℃ 以下出炉空冷，退火后硬度≤229 HBS，组织为球化珠光体加少量碳化物。

（2）去应力退火：加热温度为 730 ~ 760 ℃，保温 3 ~ 4 h，炉冷。

3）淬火及回火

淬火温度与硬度、晶粒度的关系如表 4-22 所示。回火温度对室温力学性能的影响如表 4-23 所示。

表 4-22　H13 钢淬火温度与硬度、晶粒度的关系

淬火温度/℃	930	950	980	1 000	1 020	1 040	1 060	1 080	1 100
硬度/HRC	50.3	52	53.5	54.8	56.3	57.8	58.2	59.1	59.1
晶粒度/级	—	11.2	11.1	11.1	11.1	11	10	8	7

表 4-23　H13 钢回火温度对室温力学性能的影响

回火温度/℃	淬后	200	400	500	520	550	580	600	650	700
硬度/HRC	56	54	54	55.5	54	52.5	49	45.5	33	28
σ_b/MPa	—	—	2 040	2 100	2 080	1 980	1 780	1 650	1 180	—
ψ/%	—	—	40	34	40	48	53	54	55	
δ_5/%	—	—	11	11	11.5	12	12.5	14	18	
α_k/(J·cm^{-2})	—	—	40	32	35	50	60	70	100	

注：1 020 ℃ 油淬，二次回火。

（1）推荐淬火规范：淬火温度为 1 020 ~ 1 050 ℃，油冷或空冷，硬度为 56 ~ 58 HRC。

（2）推荐回火规范：回火温度为 560 ~ 580 ℃，回火硬度为 47 ~ 49 HRC。通常采用二次回火，第二次回火温度比第一次低 20 ℃。

3. 3Cr3Mo3W2V（HM1）钢

HM1 钢是在对比 3Cr3Mo3V 钢及 3Cr2Mo3Co3V 钢性能及使用寿命后，结合我国资源条件而研究成功的新型热作模具钢，其冷加工、热加工性能良好，淬火温度范围较宽，具有较高的热强性、热疲劳性能，良好的耐磨性和耐回火性等特点，是综合性能优良的高强韧性热作模具钢。HM1 钢适合制造锤锻、压力机锻造、挤压等热作模具，模具使用寿命较高，是目前国内研制的工艺性能好，使用面广，具有较广应用前景的新钢种之一。

1）HM1 钢锻造工艺规范（见表 4-24）

表 4-24　HM1 钢锻造工艺规范

项　　目	加热温度/℃	始锻温度/℃	终锻温度/℃	冷 却 方 式
钢锭	1 170 ~ 1 200	1 100 ~ 1 150	≥900	缓冷（坑冷或砂冷）
钢坯	1 150 ~ 1 180	1 050 ~ 1 100	≥850	缓冷（坑冷或砂冷）

2）预备热处理

锻后等温退火工艺：加热温度为 860 ~ 880 ℃，保温 4 h；等温温度为 720 ~ 740 ℃，保温 6 h，炉冷至 500 ℃以下出炉空冷，硬度≤255 HBS。

3）淬火及回火

（1）推荐淬火规范。淬火温度为 1 060 ~ 1 130 ℃，油冷，硬度 52 ~ 56 HRC。表 4-25 所示为不同温度淬火后的硬度、晶粒度与残留奥氏体量。

表 4-25　HM1 钢不同温度淬火后的硬度、晶粒度与残留奥氏体量

淬火温度/℃	950	1 050	1 100	1 130	1 160	1 200
硬度/HRC	48	51.5	53	56	57.5	58
晶粒度/级	>10	>10	>10	9 ~ 10	8 ~ 9	7 ~ 8
残留奥氏体量（体积分数/%）	2.5	2.7	2.8	3.0	3.5	4.0

（2）回火规范如表 4-26 所示。回火温度与硬度的关系如表 4-27 所示。

表 4-26　HM1 钢推荐回火工艺规范

回 火 目 的	回火温度/℃	回火介质	回火硬度/HRC
增加耐磨性	640	空气	52 ~ 54
提高韧性	680	空气	39 ~ 41

表 4-27　HM1 钢回火温度与硬度的关系

回火温度/℃　　硬度/HRC　　淬火条件	600	620	640	660	680
1 060 ℃油淬	53	53.5	53.5	45	34
1 130 ℃油淬	54	55	56	47.5	38.5

注：保温 1 h。

4）力学性能

表 4-28 所示为 HM1 钢的回火稳定性。表 4-29 所示为 HM1 钢的高温硬度。

表 4-28　HM1 钢回火稳定性

回火温度/℃	下列保温时间后的硬度/HRC			
	4 h	6 h	8 h	12 h
600	500	49.5	48.5	46.5
640	48	46.5	43.5	—

续表

回火温度/℃	下列保温时间后的硬度/HRC			
	4 h	6 h	8 h	12 h
680	39.5	37.5	—	—

注:①1 060 ℃淬火。

　　②在 1 130 ℃淬火后,640 ℃回火时硬度下降至 40 HRC 所需时间为 8 h。

表 4-29　HM1 钢高温硬度

高温温度/℃	400	500	600	700	750
高温硬度/HV	460	410	340	210	90

注:1 050 ℃淬火,600 ℃回火。

4. 3Cr3Mo3VNb(HM3)钢

HM3 钢是参照国外 H10 钢和 3Cr3Mo 系热作模具钢,结合我国资源情况研制而成的新型高强韧性热锻模具钢。其特点是在含碳量较低的情况下加入微量元素 Nb,使钢具有更高的耐回火性、热强性,有明显的回火二次硬化效果。HM3 钢的缺点为有脱碳倾向。生产实践表明:对于耐热钢、不锈钢及高温合金等成形用模具,5CrNiMo 钢、3Cr2W8V 钢和 4Cr5W2VSi 钢都不能满足生产要求,而 HM3 钢则可以使锻模的使用寿命有明显提高。HM3 钢应用于热锻成形凹模、连杆辊锻模、轴承套圈毛坯热挤压凹模、高强钢精锻模、小型机锻模、铝合金压铸模等模具上,都有良好的效果。HM3 钢模具寿命比 3Cr2W8V 钢、5CrNiMo 钢及 4Cr5W2VSi 钢等模具提高 2 ~ 10 倍,可以有效地克服模具因热磨损、热疲劳、热裂等引起的早期失效。

1)HM3 钢锻造工艺规范(见表 4-30)

表 4-30　HM3 钢锻造工艺规范

项　　目	加热温度/℃	始锻温度/℃	终锻温度/℃	冷 却 方 式
钢锭	1 170 ~ 1 200	1 120 ~ 1 150	≥900	缓冷(坑冷或砂冷)
钢坯	1 150 ~ 1 180	1 050 ~ 1 100	≥850	缓冷(坑冷或砂冷)

2)预备热处理

等温退火工艺:加热温度为 850 ~ 870 ℃,保温 2 ~ 4 h;等温温度为 700 ~ 720 ℃,保温 4 ~ 6 h,炉冷到 550 ℃以下出炉空冷,退火后硬度≤229 HBS,组织为均匀细小的点状和粒状珠光体。

3)淬火及回火

(1)淬火:加热温度为 1 060 ~ 1 090 ℃,油冷,硬度为 47 ~ 49 HRC。表 4-31 所示为淬火温度与硬度及晶粒度的关系。

表 4-31　HM3 钢淬火温度与硬度及晶粒度的关系

淬火温度/℃	1 020	1 060	1 080	1 090	1 120
硬度/HRC	47	47.1	48.5	47.9	47.8
晶粒度/级	10	9 ~ 10	9	8 ~ 9	8 ~ 9

（2）推荐的回火工艺规范如表 4-32 所示。不同温度回火后的硬度值和残留奥氏量如表 4-33 所示。

表 4-32 推荐的回火工艺规范

回火工件	回火温度	回火设备	回火硬度/HRC
锻造变形抗力小的工件	570～600	空气炉	47～49
锻造变形抗力大的工件	600～630	空气炉	42～47

表 4-33 不同温度回火后的硬度值和残留奥氏量

回火次数	回火温度/℃	450	500	550	580	600	620	650
一次回火	硬度/HRC	48.5	48.5	49	49	48	45.5	38
	$\phi(Ar)/\%$	6.4	6.17	1.58	0.77	0	0	0
二次回火	硬度/HRC	48.5	49.5	49.5	49.5	48	45.5	41.0
	$\phi(Ar)/\%$	6.64	3.30	0.69	0.40	0	0	0

注：①$\phi(Ar)$ 表示残留奥氏体的体积分数。

②1 080 ℃淬火。

4）力学性能

HM3 钢经 1 080 ℃加热、油冷淬火后的硬度为 48.5 HRC，残留奥氏体的体积分数为 9.2%。由于回火时析出 M_2C、V_4C、NbC 等弥散碳化物以及残留奥氏体的转变，在 550 ℃左右回火时出现二次硬化峰，峰值稍高于淬火硬度值，但断裂韧度在低谷值，因此回火宜选择在 550 ℃以上进行。HM3 钢的常温力学性能和高温力学性能分别如表 4-34、表 4-35 所示。

表 4-34 HM3 钢的常温力学性能

淬火温度/℃	硬度/HRC	回火后硬度/HRC	晶粒度/级	σ_b/MPa	σ/MPa	δ/%	ψ/%	A_k/(J·cm^{-2})	K_{IC}/MPa·m$^{1/2}$
1 060	47.1	48.1	9～10	1 535	1 325	11	59.8	26.3	36
1 120	47.8	49.7	8～9	1 646	1 433	13	60.7	19	32

注：回火温度为 600 ℃，570 ℃二次回火。

表 4-35 HM3 钢高温力学性能

试验温度/℃	室温	450	500	550	600	650
σ_b/MPa	1 600	1 380	1 200	1 100	1 000	750
$\sigma_{0.2}$/MPa	—	—	—	800	650	550
ψ/%	59	64	63	62	61	69
δ_5/%	12	15	11	10	11.5	15

注：1 080 ℃油淬，600 ℃回火。

5. 4Cr3Mo3SiV（H10）钢

H10 钢是近年来从美国引进的热作模具钢，碳含量为质量分数 0.4%，Cr 和 Mo 的质量分数均为 3% 左右。H10 钢含有较多的 Cr、Mo、V 等碳化物形成元素，在较小截面时与 5CrNiMo 钢具有相近的韧性，而在工作温度 500～600 ℃时具有更高的硬度，热强性和耐磨性。H10 钢具有非常好的淬透性及很高的韧性,回火抗力及热稳定性高于 H13 钢,冲击韧性及断裂韧度高于 3Cr2W8V 钢,当回火温度超过 260 ℃时,钢的硬度高于 H13 钢。

H10 钢可以制造热挤压模,热冲模、热锻模及塑压模等模具,主要用于铝合金压铸模。

1)H10 钢锻造工艺规范(见表 4-36)

表 4-36　H10 钢锻造工艺规范

项　目	加热温度/℃	始锻温度/℃	终锻温度/℃	冷　却　方　式
钢锭	1 150 ~ 1 180	1 100 ~ 1 150	≥900	缓冷(坑冷或砂冷)
钢坯	1 100 ~ 1 150	1 050 ~ 1 100	≥850	缓冷(坑冷或砂冷)

2)预备热处理

等温退火:加热温度为 860 ~ 900 ℃,保温 3 ~ 4 h;等温温度为 710 ~ 730 ℃,保温 4 ~ 6 h,炉冷至 500 ℃以下出炉空冷,硬度≤229 HBS。

3)淬火及回火

淬火温度为 1 010 ~ 1 040 ℃,油冷或空冷,硬度为 50 ~ 55 HRC。回火温度为 600 ~ 620 ℃,硬度为 50 ~ 55 HRC。

回火温度为 600 ~ 620 ℃,硬度为 50 ~ 55 HRC;回火温度为 620 ~ 640 ℃,硬度为 40 ~ 50 HRC。

4.2.3　压铸模用钢

压铸模用钢用于制造压力铸造和挤压铸造模具。根据被压铸材料的性质,压铸模可分为锌合金压铸模、铝合金压铸模、铜合金压铸模。压铸模工作时与高温的液态金属接触,不仅受热时间长,而且受热的温度比热锻模要高(压铸有色金属时温度为 400 ~ 800 ℃,压铸黑色金属时可达 1 000 ℃以上),同时承受很高的压力(20 ~ 120 MPa);此外还受到反复加热和冷却以及金属液流的高速冲刷而产生磨损和腐蚀。因此,热疲劳开裂、热磨损和热熔蚀是压铸模常见的失效形式。所以,压铸模的性能要求是较高的耐热性、良好的高温力学性能、优良的耐热疲劳性、高的导热性、良好的抗氧化性和耐蚀性、高的淬透性等。

常用的压铸模用钢以钨系、铬系、铬钼系和铬钨钼系热作模具钢为主,也有一些其他的合金工具钢或合金结构钢,用于工作温度较低的压铸模,如 40Cr、30CrMnSi、4CrSi、4CrW2Si、5CrW2Si、5CrNiMo、5CrMnMo、4Cr5MoSiV、4Cr5MoSiV1、4Cr5W2VSi、3Cr2W8V、3Cr3Mo3W2V 等。其中 3Cr2W8V 钢是制造压铸模的典型钢种,常用于制造压铸铝合金和铜合金的压铸模,与其性能和用途相类似的还有 3Cr3Mo3W2V 钢。值得指出的是,由于 4Cr5MoSiV1 钢具有良好的韧性、耐热疲劳抗力和抗氧化性,其模具使用寿命高于 3Cr2W8V 钢制压铸模,且这类钢的价格较钨系钢便宜,因此在压铸模上的使用越来越多。

1. 3Cr2W8V 钢

3Cr2W8V 钢是钨系高热强性热作模具钢,合金元素以钨为主,W 的质量分数高达 8% 以上。该钢是我国长期以来应用最广泛的典型的压铸模具钢,也可用于其他热作模具钢。3Cr2W8V 钢中含有较多易形成碳化物的 Cr、W 元素,因此高温下具有较高的强度和硬度,但韧性和塑性较差。该钢的淬透性较好,钢材截直径为 80 mm 以下时可以淬透。这种钢的相变温度较高,抵抗冷热交替的耐热疲劳性良好。

3Cr2W8V 钢含碳量虽然不高,但在其他合金元素的共同作用下,共析点左移,因此它是共析或过共析钢。如果冶炼不当,钢锭中的元素偏析就特别严重,共析碳化物的数量会增多,易造成模具脆裂报废。高钨钢有脱碳的倾向,这是模具磨损快、粘模严重以及表面早期出现热疲劳裂纹的原因之一。

但由于 3Cr2W8V 钢抗回火能力较强,仍作为高热强热作模具钢得到广泛应用,可以用来制作高温下高应力,但不受冲击负荷的凸模、凹模,如平锻机上用的凸凹模、镶块、铜合金挤压模、压铸用模具,也可以用来制作同时承受较大压应力、弯应力或拉应力的模具,如反挤压的模具;还可用于制作高温下受力的热金属切刀等。

1)3Cr2W8V 钢锻造工艺规范(见表 4-37)

表 4-37   3Cr2W8V 钢锻造工艺规范

项　　目	加热温度/℃	始锻温度/℃	终锻温度/℃	冷 却 方 式
钢锭	1 150 ~ 1 200	1 100 ~ 1 150	850 ~ 900	先空冷,后坑冷或砂冷
钢坯	1 130 ~ 1 160	1 080 ~ 1 120	850 ~ 900	先空冷,后坑冷或砂冷

锻后要在空气中较快地冷却到 A_{c1} 以下(约 700 ℃),随后缓冷(砂冷或炉冷),如果条件许可,可以进行高温退火。

2)预备热处理

(1)一般退火:加热温度为 800 ~ 820 ℃,保温 2 ~ 4 h,炉冷至 600 ℃ 以下出炉空冷,退火后硬度为 207 ~ 255 HBS,组织为珠光体和碳化物。

(2)等温退火:加热温度为 840 ~ 880 ℃,保温 2 ~ 4 h;等温温度 720 ~ 740 ℃,保温 2 ~ 4 h,炉冷至 550 ℃ 以下出炉空冷,退火后硬度 ≤241 HBS。

3)淬火及回火

(1)3Cr2W8V 钢推荐淬火工艺规范如表 4-38 所示。

表 4-38   3Cr2W8V 钢淬火工艺规范

淬火温度/℃	冷 却 介 质	温度/℃	延　　续	冷却到 20 ℃	硬度/HRC
1 050 ~ 1 100	油	20 ~ 40	至 150 ~ 180 ℃	空气冷却	49 ~ 52

高温淬火:常在 1 140 ~ 1 150 ℃ 加热奥氏体化,油冷淬火后硬度可高达 55 HRC,分级淬火硬度为 47 HRC。3Cr2W8V 钢的淬火加热温度提高,马氏体合金化程度也提高,模具热强性特别好,但韧性稍差,一般用于制造铜合金和铝合金挤压模、压铸模、压型模等受冲击力不太大,而要求有高热强性的模具。

(2)回火规范如表 4-39 所示。硬度与回火温度的关系见表 4-40。

表 4-39   3Cr2W8V 钢回火工艺规范

回 火 用 途	加热温度/℃	加 热 设 备	硬度/HRC
消除应力,稳定组织和尺寸	600 ~ 620	电炉	40.2 ~ 47.4

表 4-40　3Cr2W8V 钢硬度与回火温度的关系

回火温度/℃　硬度/HRC　淬火温度/℃	20	550	550	600	650	670	700
1 050	49	46	47	43	35	32	27
1 075	50	47	48	44	36	33	30
1 100	52	48	49	45	40	36	32
1 150	55	49	53	50	45	40	34

（3）固熔超细化处理：将 3Cr2W8V 钢锻造毛坯在 1 200 ~ 1 250 ℃加热固溶，使所有碳化物基本溶入奥氏体，然后淬入热油或沸水中，并立即进行高温回火或短时间等温球化处理。高温回火温度为 720 ~ 850 ℃（模坯加工需选温度上限，模具已完成机械加工则选温度下限）。最终热处理可以选用常规热处理工艺，1 100 ℃加热，油冷淬火。

经过以上热处理的 3Cr2W8V 钢模具组织非常细致，未溶碳化物呈点状，碳化物不均匀分布基本消除，模具使用寿命成倍提高。

（4）等温淬火工艺：加热温度为 1 150 ℃，在 350 ~ 450 ℃等温后油冷。组织为下贝氏体和马氏体的混合组织，硬度可达 47 HRC 以上。等温淬火后以低温回火为宜，温度为 340 ~ 380 ℃。

等温淬火后获得的贝氏体组织有较高的强韧性，回火稳定性也比常规热处理好得多，抗热冲击性能也较高，模具变形小。模具等温处理后有较高的使用寿命。

4）力学性能

3Cr2W8V 钢淬火温度与硬度的关系如表 4-41 所示。3Cr2W8V 钢回火温度与力学性能的关系如表 4-42 所示。

表 4-41　3Cr2W8V 钢淬火温度与硬度的关系

淬火温度/℃	950	1 050	1 100	1 150	1 200	1 250
硬度/ HRC	44	49	52	55	56	57

表 4-42　3Cr2W8V 钢回火温度与力学性能

回火温度/℃	400	450	500	550	600	650
σ_b/MPa	1 800	1 800	1 800	1 760	1 620	1 270
$\sigma_{0.2}$/MPa	1 400	1 420	1 450	1 500	1 410	—
ψ（%）	36	35.5	35	35.5	38	36
δ_5（%）	18	14	13	12	8	12

注：1 100 ℃油淬。

2. 4Cr3Mo2MnVNbB（Y4）钢

Y4 钢是由上海材料研究所研制并针对铜合金压铸模而设计的新型压铸模具钢。

铜合金熔液一般温度为 880 ~ 960 ℃，铜合金熔点高，导热性能好，因此模具型腔升温快、温度高，然后又很快降温。因此模具的失效形式主要是热疲劳裂纹、金属熔蚀、热变形、塌陷等。

Y4 钢接近 3Cr3Mo 类钢,但增加了微量元素 Nb 和 B。与 Y10 钢相比,Y4 钢中的 Cr、Si 含量下降,因此碳化物不均匀性下降,同时以 B 来提高因 Cr、Si 含量减少而降低的淬透性和高温强度。加入微量元素 Nb 来提高碳化物的稳定性、细化晶粒、降低钢的过热敏感性,提高钢的热强性和热稳定性。Y4 钢在力学性能上,尤其是冷热疲劳及裂纹扩展速率方面明显优于 3Cr2W8V 钢,是比较理想的铜合金压铸模材料,模具使用寿命有较大的提高。另外,Y4 钢在热挤压模、热锻模的应用方面也取得了明显成效。

1)Y4 钢锻造工艺规范(见表 4-43)

表 4-43 Y4 钢锻造工艺规范

项 目	加热温度/℃	始锻温度/℃	终锻温度/℃	冷 却 方 式
钢锭	1 150 ~ 1 200	1 100 ~ 1 150	850 ~ 900	缓冷
钢坯	1 130 ~ 1 160	1 080 ~ 1 120	850 ~ 900	缓冷

2)预备热处理

等温退火:加热温度为 840 ~ 860 ℃,保温 2 ~ 4 h,等温温度为 680 ℃,保温 4 ~ 6 h,炉冷到 550 ℃出炉空冷。退火后硬度为 170 ~ 181 HBS。

3)淬火及回火

Y4 钢的淬透性优于 3Cr2W8V 钢,其淬火温度为 1 050 ~ 1 100 ℃,油冷,硬度为 58 ~ 59 HRC。

回火温度为 600 ~ 630 ℃,回火时间 2 h,回火两次,硬度为 44 ~ 52 HRC。

4)力学性能

Y4 钢的室温及高温力学性能如表 4-44 所示。

表 4-44 Y4 钢室温及高温力学性能

力学性能 试验温度/℃	σ_b/MPa	$\sigma_{0.2}$/MPa	δ_5/%	ψ/%	α_k/(J·cm^{-2})
室温	1 455	1 292	12.5	42.2	5.9
300	1 494	1 328	7.8	19.0	12.2
600	978	861	10	15.4	27.3
650	815	719	5.6	7.8	17.5
700	605	534	4.3	11.6	27.5

注:1 100 ℃油淬,640 ℃回火 2 h。

4.2.4 热冲裁模用钢

在热作模具中,热冲裁模的工作温度较低,因此,对材料的性能要求也相对放宽。除了应具有高的耐磨性、良好的强韧性以及加工工艺性能外,几乎所有的热作模具钢均能满足热冲裁模的工作条件要求。所以在选材时,可着重考虑材料的经济性和生产管理上的方便,推荐使用的钢种有 5CrNiMo、4Cr5MoSiV、4Cr5MoSiV1 和 8Cr3 等。其中 8Cr3 钢是使用较多的钢种。

8Cr3 钢是在碳素工具钢 T8 的基础上添加一定量的 Cr(质量分数为 3.20% ~ 3.80%)。由于 Cr 的存在,8Cr3 钢具有较好的淬透性和一定的室温、高温强度而且形成细小、均匀分布的碳化物。8Cr3 钢通常用于制造热冲裁模、热顶锻模和热弯曲模等模具。

1)化学成分(见表 4-45)

表 4-45   8Cr3 钢的化学成分

成　　分	C	Si	Mn	Cr	P	S
质量分数/%	0.75 ~ 0.85	≤ 0.40	≤ 0.40	3.2 ~ 3.8	≤ 0.030	≤ 0.030

2)8Cr3 钢锻造工艺规范(见表 4-46)

表 4-46   8Cr3 钢锻造工艺规范

项　　目	加热温度/℃	始锻温度/℃	终锻温度/℃	冷 却 方 式
钢锭	1 180 ~ 1 200	1 100 ~ 1 150	820 ~ 900	缓冷
钢坯	1 150 ~ 1 180	1 050 ~ 1 100	≥ 800	缓冷

3)预备热处理

锻后退火工艺:加热温度为 790 ~ 810 ℃,保温 2 ~ 6 h,炉冷至 600 ℃以下出炉空冷,硬度为 207 ~ 255 HBS,组织为珠光体和碳化物。

4)淬火及回火

推荐的淬火工艺规范:淬火温度为 850 ~ 880 ℃,油冷,硬度 ≥ 55 HRC。

推荐的回火工艺规范:回火温度为 480 ~ 520 ℃,硬度为 41 ~ 46 HRC。

5)力学性能(见表 4-47 和表 4-48)

表 4-47   8Cr3 钢回火温度与室温力学性能

回火温度/℃	300	400	500	520	550	600
硬度/HRC	53	48.5	44.5	43.5	38	29
σ_b/MPa	2 020	1 750	1 360	—	1 200	—
$\sigma_{0.2}$/MPa	1 830	1 650	1 280	1 200	—	—
α_k/(J/cm^2)	16	23	33	—	47	—
ψ/%	—	10.5	26	30	37	—
δ_5/%	4	7	9	—	10	—

注:870 ℃油淬。

表 4-48   8Cr3 钢高温力学性能

回火温度/℃	σ_b/MPa	$\sigma_{0.2}$/MPa	α_k/(J/cm^2)	δ/%	ψ/%
200	1 290	1 100	43	8	29
300	1 230	1 070	52	9	29.5
400	1 170	950	43.5	16	46
500	850	650	43	20.5	52

注:870 ℃油淬,570 ℃回火。

热冲裁凹模的主要失效形式是磨损和崩刃,凸模的主要失效形式是断裂及磨损。为此,凹模的硬度较高,以保证耐磨性;凸模并不要求高的耐磨性,硬度不必过高。在生产中,8Cr3钢制凹模的硬度为 43 ~ 45 HRC。如被冲材料为耐热钢或高温合金,其硬度还应增高,但不宜超过 50 HRC。凸模的硬度在 35 ~ 45 HRC 之间。

4.3　热作模具钢的选用

压铸模主要零件材料的选用及热处理要求如表 4-49 所示,压铸模的结构如图 4-2 所示,表 4-50 所示为压铸模具部品名称及常用材料的选用及热处理要求。

表 4-49　压铸模主要零件材料的选用及热处理要求

零件名称		压 铸 合 金			热处理要求	
		锌合金	铝合金、镁合金	铜合金	压铸锌合金、铝合金、镁合金	压铸铜合金
与金属液接触的零件	型腔镶块、型芯、滑块中成形部分等成形零件	4Cr5MoV1Si 3Cr2W8V (3Cr2W8) 5CrNiMo 4CrW2Si	4Cr5MoV1Si 3Cr2W8V (3Cr2W8)	3Cr2W8V (3Cr2W8) 3Cr2W5Co5MoV 4Cr3Mo3W2V 4Cr3Mo3SiV 4Cr5MoV1Si	43 ~ 47 HRC(4Cr5MoV1Si) 44 ~ 48 HRC(3Cr2W8V)	38 ~ 42 HRC
	浇道镶块、浇道套、分流锥等浇注系统	4Cr5MoV1Si 3Cr2W8V (3Cr2W8)				
滑动配合零件	导柱、导套(斜导柱、弯销等)	T8A (T10A)			50 ~ 55 HRC	
	推杆	4Cr5MoV1Si 3Cr2W8V (3Cr2W8)			45 ~ 50 HRC	
		T8A(T10A)			50 ~ 55 HRC	
	复位杆	T8A(T10A)			50 ~ 55 HRC	
模架结构零件	动模套板、定模套板、支撑板、垫块、动模底板、定模底板、推板、推杆固定板	45			调质 220 ~ 250 HBS	
		Q235 铸钢				

注:①表中所列材料,先列者为优先选用。

　　②压铸、锌、镁铝合金的成形零件经淬火后可进行软氮化或氨化处理,氮化层深度为 0.08 ~ 0.15 mm,硬度≥600 HV。

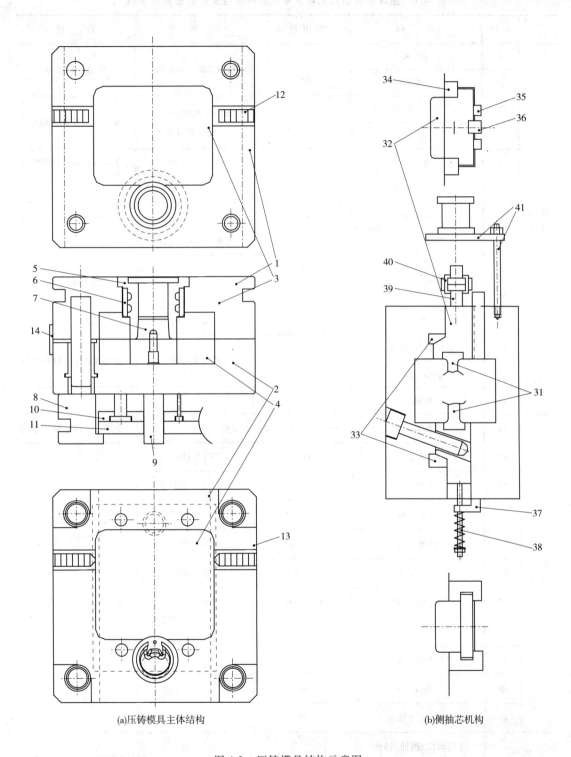

(a)压铸模具主体结构 (b)侧抽芯机构

图 4-2 压铸模具结构示意图

表 4-50　压铸模具部品名称及常用材料选用及热处理要求示例

	序号	名　称	常用材料	热　处　理	备　注
模具主体部品	1	定模板	45 铸铁	调质 220 ~ 250 HB	模架结构零件
	2	动模板			
	3	定模	H13 SKD61	50 ± 1 HRC（小） 47 ± 1 HRC（大）	与金属液直接接触的零件
	4	动模			
	5	浇口套	H13	47 ± 1 HRC	与金属液直接接触的零件
	6	浇口套水套	45		
	7	分流锥	H13	47 ± 1 HRC	与金属液直接接触的零件
	8	模脚（垫块）	45	调质 220 ~ 250 HB	模架结构零件
	9	支持柱	45		
	10	顶固板	45		
	11	推板	45	调质 220 ~ 250 HB	
	12	波形排气板（定）	H13	47 ± 1 HRC	与金属液直接接触的零件
	13	波形排气板（动）			
	14	防溅板	45		
侧抽部品	31	侧抽芯	同动、定模		与金属液直接接触的零件
	32	侧抽本体	H13	37 ± 2 HRC	有滑动配合要求和强度要求的零件
	33	锁紧块	Cr12MoV	62 ± 1 HRC	
	34	侧抽压板	Cr12MoV	62 ± 1 HRC	
	35	侧抽滑板	Cr12MoV	62 ± 1 HRC	
	36	侧抽导板	Cr12MoV	62 ± 1 HRC	
	37	侧抽限位板	Cr12MoV	62 ± 1 HRC	
	38	弹簧导杆	45		模架结构零件
	39	侧抽连接杆	45		
	40	侧抽连接套	45		
	41	液压缸支撑架	45		
成形组件		（定动模、侧抽）镶件	同动、定模		与金属液直接接触的零件
		（定动模、侧抽）活芯			

续表

	序号	名　　称	常用材料	热　处　理	备　注
标准外购件	B01	导柱	GCr15	59 ± 1 HRC 高频淬火	有滑动配合要求的零件
	B02	导套			
	B03	导套支撑套	钢管		
	B04	顶杆	SKD61	内部 42 ± 2 HRC， 表面氮化处理 900 HV	有滑动配合要求的零件
	B05	复位杆	GCr15	59 ± 1 HRC	有滑动配合要求的零件
	B06	推板导柱	GCr15	59 ± 1 HRC 高频淬火	有滑动配合要求的零件
	B07	推板导套			
	B08	内六角螺栓	35CrMo	40 ± 2 HRC	
	B09	线式冷却、点式冷却	铜/不锈钢		
	B11	斜导柱	GCr15	59 ± 1 HRC 高频淬火	有滑动配合要求的零件
	B12	液压缸	接头通常采用法兰形式		
	B13	行程开关			

第5章　模具表面强化处理技术

合理地选用模具材料并采用恰当的热处理工艺,可以改善模具的使用性能,大幅度提高模具的使用寿命,具有显著的经济效益。但是模具在使用过程中除因脆断损坏外,大多因表面疲劳或磨损而失效,或因高温氧化以及介质腐蚀而不能继续使用。这是因为模具在承受外力时,通常表面受力形式最复杂(例如弯曲、扭转、冲击、接触应力,以及在这些应力状态下的疲劳强度、滚动或滑动摩擦及介质腐蚀或应力腐蚀),因零件结构及工作条件等因素所产生的应力集中,也大多发生在表面,这就使模具的表面比心部承受更严酷的工作条件,从而导致模具表面早期破坏。

随着技术的发展及生产的需要,对模具提出了高精度、高硬度、高耐磨性的要求。由于模具表面和心部的性能要求不同,很难通过材料本身的性能或模具整体热处理来实现。而采用不同的表面处理技术,可有效地提高模具表面的耐磨性、抗冲击性、抗咬合性、抗冷热疲劳性、抗热黏附性及抗腐蚀性等性能,同时可保证材料心部保持原有的强韧性。因此,近年来表面强化处理技术在模具生产中得到了越来越广泛的应用。

模具表面强化处理技术不仅能提高模具表面耐磨性和其他性能,而且能使模具材料心部仍保持足够的韧性。这对发挥模具材料的潜力、改善模具的综合性能、降低模具成本是十分有效的。生产实践表明:表面强化处理技术是提高模具质量、延长模具使用寿命的重要措施。

模具表面强化处理技术按其原理可分为化学热处理、表面涂覆处理和表面加工强化处理。表 5-1 所示为表面强化处理的工艺作用及应用举例。

表 5-1　模具表面强化处理工艺作用及应用

处 理 工 艺	作 用	应 用 举 例
渗碳	提高硬度(62～63 HRC)、耐磨性和耐疲劳性	挤压模、穿孔工具等
渗氮	提高硬度、热硬性、耐磨性、抗黏附性、耐疲劳性及抗蚀性	冷挤模、挤压工具等
碳氮共渗	比渗氮和渗碳有更高的硬度、耐磨性、耐疲劳性、热硬性和热强性,且生产周期短	成形模、冷挤模、热挤模和模架等
渗硼	具有极好的表面硬度、耐磨性、抗黏附性、抗氧化性、热硬性和良好的抗蚀性	拉深模、挤压模
TD 处理	提高硬度、强度、耐磨性、耐疲劳性和抗蚀性	冷冲模、挤压模
镀硬铬	降低表面粗糙度,提高表面硬度、耐疲劳性、抗腐蚀性	挤压模、拉深模等
钴基合金堆焊	提高硬度、耐磨性及热硬性	挤压模冲头等
电火花表面强化	提高硬度、强度、耐磨性、耐疲劳性及抗蚀性	热挤压模、冷挤压模
喷丸处理	提高硬度、强度、耐磨性、耐疲劳性及抗蚀性	热挤压模

5.1 模具化学热处理

模具化学热处理是将工件放在特定的介质中加热到一定的温度,使其模具表面化学成分发生预期的变化,在经过适当的热处理后,从而改善工件使用性能的一种热处理工艺。根据渗入元素的不同,模具化学热处理可分为渗碳、渗氮、碳氮共渗、氮碳共渗、渗硫、硫氮共渗、渗硼、硫氮碳三元共渗、碳氮硼三元共渗、渗金属(渗铝、渗铬、渗钒、渗锌或多元金属共渗)等。常用的化学热处理方法及其作用如表 5-2 所示。

表 5-2 常用化学热处理方法及其作用

名　称	渗入元素	作　用
渗碳	C	提高模具的耐磨性、硬度及疲劳强度
渗氮	N	提高模具的耐磨性、硬度、疲劳强度及耐蚀性
碳氮(氮碳)共渗	C、N	提高模具的耐磨性、硬度及疲劳强度
渗硫	S	减摩、提高抗咬合性能
硫氮共渗	S、N	减摩、提高抗咬合性能、耐磨性和改善疲劳性能
硫碳氮共渗	S、C、N	减摩、提高抗咬合性能、耐磨性和改善疲劳性能
渗铝	Al	提高模具抗氧化性及抗含硫介质腐蚀性
渗铬	Cr	提高模具抗氧化及抗腐蚀能力及耐磨性
渗硼	B	提高模具耐磨性、硬度及抗腐蚀性
渗硅	Si	提高工件抗腐蚀性能
渗锌	Zn	提高工件抗大气腐蚀能力

5.1.1 化学热处理基本过程

任何一种化学热处理都包括三个基本过程:(1)由介质分解出活性原子;(2)活性原子被工件表面吸收;(3)被吸收的原子向工件内部扩散。

1. 分解过程

各种化学热处理所使用的介质各不相同,但是它们都能在一定的温度下分解反应,产生活性原子。

例如,渗碳是一氧化碳和甲烷在工件表面分解出活性碳原子。

$$2CO \rightarrow CO_2 + C$$

$$CH_4 \rightarrow 2H_2 + C$$

介质分解出活性原子的速度与介质的性质、数量、分解温度、压力以及催化剂等因素有关。

2. 吸收过程

吸收是介质分解析出的活性原子被钢的表面吸附,并溶入基体中去的过程。

以渗碳为例,吸收就是活性原子(或离子)与金属原子产生键合而进入金属表层的过程。吸收的方式可以是活性原子向钢的固溶体中溶解或形成化合物。渗碳时,渗碳介质所分解的活性碳原子吸附在钢件表面后,溶于奥氏体中并形成间隙固溶体。当碳浓度超过该温度下奥氏体饱和浓度时可形成化合物(碳化物)。

吸收过程的强弱与活性介质的分解速度、渗入元素的性质、扩散速度、钢的成分及其表面状态等因素有关。

3. 扩散过程

扩散就是被吸收的活性原子向钢的内部渗入的过程,它是靠原子的热运动来实现的。在化学热处理过程中,工件表面吸收活性原子后,表层中渗入元素的浓度大大提高,使表面与心部产生浓度梯度。在一定的温度下,原子沿着浓度梯度下降的方向作定向扩散。结果便得到一定厚度的扩散层。表层浓度最高,由表及里,浓度逐渐下降。

渗入原子的扩散速度与浓度的梯度、温度、渗入元素的性质、钢的化学成分、晶格类型、晶体缺陷等因素有关。

分解、吸收和扩散三个基本过程不是孤立的,而是相互联系、相互制约的。它们进行的速度对化学热处理的结果都有很大影响。化学热处理速度取决于其中最慢的那个过程,通常称为控制因子。在不同条件和不同阶段,化学热处理的控制因子各不相同。因此,找出在每种条件下各个阶段的控制因子,使其强化,并与另外两个基本过程协调一致,就能提高整个过程的速度。一般来说,在化学热处理的初始阶段,影响速度的主要因素是吸收过程,因此这一阶段的控制因子就是吸收过程,而经过一定时间后,表层吸收了较高浓度的渗入原子,这时渗入原子向内部的扩散已成为主要矛盾,因此控制因子就转化成扩散过程。

5.1.2 模具钢的渗碳

渗碳是目前机械制造业中应用最广泛的一种化学热处理方法。它是将低碳钢在富碳的介质中加热到高温(一般为 900 ~ 950 ℃),使活性碳原子渗入钢的表面,以获得高碳的渗层组织。随后经淬火和低温回火,使表面具有高的硬度、耐磨性及疲劳抗力,而心部仍保持足够的强度和韧性。

对于模具材料而言,渗碳工艺主要用于强化采用低碳钢及低碳合金钢经挤压加工型腔的塑料模。它具有渗速快、渗层深、渗层成分梯度与硬度梯度可方便控制、成本低的特点。塑料模渗碳后,其表层 1 ~ 2 mm 内可形成含碳量为 0.8% ~ 1.05% 的渗层。该渗层经淬火、回火处理能发生相变强化,有效地提高型腔面硬度、耐磨性和疲劳强度,从而提高模具寿命。但是,渗碳时要防止晶粒粗大,以避免渗层脆化,模具表面剥离。同时,由于渗碳温度较高,渗后还需热处理,模具变形较大,因此精度要求较高的塑料模具不宜采用。

渗碳可分为固体渗碳、液体渗碳、气体渗碳、真空渗碳、可控气氛渗碳、等离子渗碳等。在这里主要介绍模具强化常用的气体渗碳工艺。

1. 气体渗碳工艺

图 5-1 所示为井式炉气体渗碳的典型工艺。该工艺适用于 20Cr、20CrMnTi 等钢制造的

模具零件。其渗层深度要求为 1.1～1.3 mm。渗碳剂为煤油,直接滴入。

渗碳过程由排气、强烈渗碳、扩散及降温 4 个阶段组成。

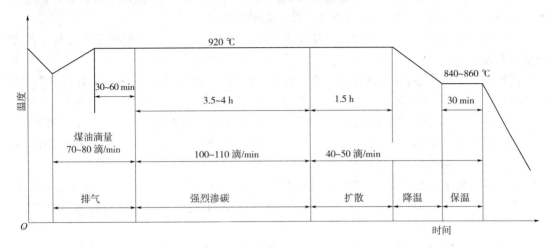

图 5-1　井式炉气体渗碳典型工艺

(1)排气:它的目的是尽快地排除炉内氧化性气氛和使炉温重新升到渗碳温度。

装炉后炉温下降到 780～800 ℃,此时煤油滴量过多必然会产生大量的碳黑,所以排气开始阶段滴油量要少一些。在温度回升时,可逐步增加滴油量,以利于排气。当炉温到达渗碳温度后,还需要继续排气,使炉气中 CO_2 及 O_2 的含量低于 0.5%。同时也能使炉温均匀,零件烧透。继续排气时间一般为 30～60 min。

(2)强烈扩散:如前所述,渗碳最初阶段的控制因子是吸收过程,因此必须使炉内气氛保持较高的碳势,使零件表面迅速达到较高的碳浓度和浓度梯度,为加快扩散创造条件。所以强渗阶段采用较大的滴注量。强渗时间主要取决于渗层深度要求,当工件的渗层深度达到技术要求的 2/3 左右时,便可转入扩散阶段。

(3)扩散:这一阶段的控制因子已由吸收过程转为扩散过程,其目的是把强渗阶段所造成表面过高的碳浓度降到所需要的碳浓度,使碳浓度趋于平缓,渗层深度也随之加深。所以在此阶段应大幅度降低煤油滴量,降低炉内碳势,以免产生碳黑,并使工件表面的碳向内层或炉气中扩散。其时间一般根据试棒的渗层深度来确定。

强渗阶段和扩散阶段合称为渗碳保温阶段。

(4)降温出炉:当试棒渗层深度达到要求时即可降温出炉。

对于直接淬火的零件,出炉温度不能过高,否则零件变形较大,淬火后残留奥氏体量也明显增加。但出炉温度也不能太低,以免渗层出现网状碳化物,心部析出先共析铁素体。所以直接淬火的零件应炉冷到适宜的淬火温度(840～860 ℃),并保温 15～30 min后出炉淬火。

对于重新加热淬火的零件,为了减少表面氧化、脱碳及变形,也应炉冷到 850～860 ℃出炉空冷,最好坑冷。在冷却坑中,事先加些甲醇或乙醇以产生保护气氛,可以减少氧化、脱碳。

2. 气体渗碳操作要点

为了保证渗碳质量,模具零件在进入渗碳炉前应清除表面污垢、铁锈及油脂等。常用热水或含 Na_2CO_3 水溶液清洗介质,对锈蚀工件可采用喷砂清理。

零件装在料筐或挂具上,彼此间应留出 5 ~ 10 mm 的间隙,以保证渗碳介质能与零件充分接触和循环流通。

渗碳炉密闭性要好,并始终保持炉内气氛为正压力(一般为 20 ~ 60 mm 水柱高)。风扇应始终运转,以使零件能经常与新鲜气氛接触。排气口要点燃,以免废气污染空气,并便于观察判断炉内工作情况。有条件的,应经常进行炉气分析。根据生产经验,用煤油渗碳时,炉内气氛成分应控制在下列范围:C_nH_{2n+2} 为 1.0% ~ 1.5%,$C_nH_{2n} \leqslant 0.6\%$,CO 为 20% ~ 35%,$H_2$ 为 50% ~ 65%,$CO_2 \leqslant 0.5\%$,$O_2 \leqslant 0.6\%$,N_2 余量。

在这种气氛下对 20CrMnTi 等钢件渗碳后表层碳含量为 0.8% ~ 1.0%(质量分数),而且碳黑很少。零件出炉时间根据随炉试样的层深检查结果决定。试样材料应与零件相同。对于不同钢种或层深不宜同炉渗碳。

另外对新渗灌、新的工夹具或未使用过的炉罐应预先渗碳。在正常生产情况下,停炉再升温时也应进行炉腔渗碳。

3. 渗碳后的热处理

渗碳零件必须经过淬火、回火处理后,才能达到表层高硬度心部高韧性的要求。图 5-2 给出渗碳后常用的各种热处理方法,可根据零件材料和性能要求来合理选择。

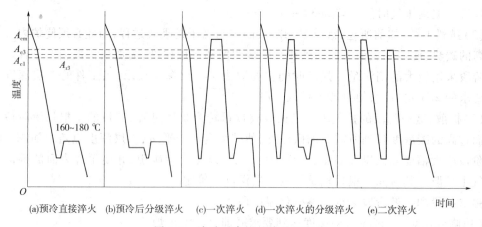

图 5-2 渗碳后常用的热处理方法

1)直接淬火

零件渗碳后,随炉降温或出炉预冷至稍高于 A_{r1} 或 A_{r3} 的温度(760 ~ 850 ℃)后直接淬火,然后再 150 ~ 200 ℃回火 2 ~ 3 h,如图 5-2(a)所示。

预冷的目的是减少零件变形,同时还可以减少渗碳层残留奥氏体量,提高表面硬度。预冷温度应视零件心部强度要求而定。心部强度要求较高的零件应预冷到稍高于 A_{r3} 温度,以免心部析出过多的先共析铁素体,但表面硬度稍低些;心部强度要求不高的零件应预冷到稍高于 A_{r1} 温度,淬火后的变形较小,表面硬度也较高。

直接淬火的优点是减少了加热和冷却的次数,操作简单,生产率高,淬火变形及表面氧化脱碳倾向小。但对于本质粗晶粒钢及渗碳时表面碳浓度很高的零件,不宜采用此法。

为了减少淬火变形及防止开裂,还可以采用预冷分级淬火方法,如图 5-2(b)所示。

2)一次淬火

零件渗碳后先冷至室温,然后再重新加热淬火并低温回火,或进行分级淬火,如图 5-2(c)、图 5-2(d)所示。

合金钢渗碳后的淬火温度可稍高于心部 A_{c3} 点,使心部组织细化,淬火后可获得低碳马氏体,心部强度较高。碳素钢的淬火温度高于 A_{c3} 以上时,渗碳层容易过热。所以碳钢的淬火温度应比合金钢低一些,一般在 A_{c1} 和 A_{c3} 之间,兼顾表面与心部组织和性能。

3)二次淬火

这是一种同时保证心部与表面都获得高性能的方法,如图 5-2(e)所示。第一次淬火温度为 880~900 ℃,目的是细化心部晶粒,消除表层的网状碳化物,可油冷也可空冷,只要无网状碳化物析出即可。第二次淬火温度视高碳的表层而定,一般为 770~820 ℃。目的是使表层获得细小颗粒状碳化物和稳晶马氏体,以保证高强度和高耐磨性。

二次淬火工艺比较复杂,成本高,零件变形大,生产中一般很少采用,仅用于表面耐磨性、疲劳强度和心部韧性等要求较高的重载荷零件。有时也作纠正不正常组织的补充工艺。

4. 高强度合金渗碳钢的热处理

12CrNi3A、12Cr2Ni4A、18Cr2Ni4WA 等高强度合金渗碳钢,因合金元素含量较高,经渗碳淬火后表层存在大量的残余奥氏体,表面硬度只有 50~55 HRC,所以必须采取措施以减少残留奥氏体量。

(1)在渗碳之后、淬火以前,进行一次高温回火(在 600~650 ℃保温 2~6 h),使合金碳化物析出并聚集,这些碳化物在随后淬火加热时不能充分溶解,从而使奥氏体中合金元素和碳的含量降低,M_s 点升高,淬火后渗层中残留奥氏体量减少。

(2)淬火后立即进行深冷处理,使残余奥氏体继续转变为马氏体。

5.1.3　模具钢的氮化

氮化是使氮原子渗入钢的表面,形成富氮硬化层的一种化学热处理工艺。与渗碳相比,氮化处理后零件具有:①高的硬度和耐磨性;②高的疲劳强度;③变形小、体积稍有胀大;④较高的抗咬合性;⑤较好的抗蚀性。

氮化的方法分为气体氮化、液体氮化、固体氮化、离子氮化等。常规气体氮化周期长、成本高、渗层薄而脆,不宜承受太大的接触应力和冲击载荷。液体氮化温度低、时间短、模具变形小,但盐浴或盐浴反应产物有一定毒性,需考虑盐浴的危害及防止措施。长期以来,人们不断努力寻求新的氮化方法。目前有许多新的工艺已经日趋成熟,正在生产中被广泛应用。例如离子渗氮、真空渗氮、电解催渗渗氮等。

模具钢零件在氮化前一般应进行调质处理,热作模具钢零件淬火后采取高温回火再进行渗氮,为了不影响模具的性能,渗氮温度不得高于回火温度,一般采用 500~570 ℃。

为了使渗氮效果更好,模具必须选择含有铝、铬和钼元素的钢种,以便渗氮后形成 AlN、CrN 和 Mo_2N,没有这些元素则渗氮层硬度低,不足以提高模具的耐磨性。

1. 氮化的基本过程

氮化也是由分解、吸收、扩散三个基本过程所组成。一般使用氨气作为氮化介质。氨气是一种无色有臭味的刺激性气体,常制成液态装在钢瓶里出售。1 公斤液氨在 20 ℃ 时,可挥发出 1.4 m^3 的氨气。在 400 ℃ 以上,氨分子在钢表面分解出活性氮原子,反应式为

$$2NH_3 \rightarrow 3H_2 + 2[N]$$

分解出的活性氮原子被钢表面吸收,首先溶入固溶体,然后与铁和合金元素形成化合物,最后向心部扩散,形成一定厚度的氮化层。

在氮化的初始阶段,氨分解出来的活性氮原子只有少部分渗入工件表面,大部分则结合成氮气被排掉。这表明氨的分解速度快,分解出来的活性氮原子数量多,因而分解过程不会是控制因子。而活性氮原子溶入金属表面形成固溶体或化合物的过程,即吸收过程才是控制因子。离子氮化、洁净氮化及不锈钢氮化前的喷砂处理等方法,都可以使金属表面活化,吸收过程加快,氮化时间缩短。

经过一定时间氮化后,控制因子将由吸收过程转为扩散过程,因为渗层的深度是靠扩散来完成的,而扩散的速度很慢。离子氮化能在工件表面形成 0.05 mm 左右的位错层,氮原子的扩散速度大大增加。

2. 氮化前的准备

氮化零件的工艺过程:锻造→正火(或退火)→粗加工→调质→精加工→去应力→粗磨→氮化→精磨。

在模具的整个制造过程中,氮化往往都是最后一道工序。为了使工件心部具有必要的性能,消除加工应力,减少氮化过程的变形,为获得最好的氮化层性能作组织准备,故模具在氮化前一般需进行预先热处理,即调质处理,以获得回火索氏体组织。热作模具钢提高了表面耐磨性,淬火后的回火温度一般高于氮化温度。

对形状复杂的精密模具,在机械加工后应进行一两次消除应力处理以减少氮化过程中的变形。处理温度应低于回火温度,以免降低模具硬度。

脱碳层将导致模具氮化后脆性的增加及硬度不足等弊病,为此模具在预先热处理前应有足够的加工余量,以保证机械加工时脱碳层全部去除。

为使氮化过程顺利进行,模具在装炉前要用汽油或酒精去油、脱脂。经过清洗后模具表面不能有锈蚀及洗涤不净的脏物。

如果模具某些部位不需要氮化,可采用防渗氮涂料进行保护。

为了检查氮化质量,可在氮化罐适当部位放置与模具材料和处理工艺相同的试块,以便检查氮化层深度、表面硬度和金相组织。

3. 氮化工艺参数

氮化温度一般为 480～560 ℃,氮化时间根据模具氮化层的深度要求确定。例如,38CrMoAl

钢在常用的氮化温度下,氮化层深度小于 0.4 mm 时,氮化速度为 0.015~0.02 mm/h,当渗层深度为 0.4~0.7 mm 时,氮化速度为 0.005~0.01 mm/h。

从生产实践中可以看出,温度对渗氮层表面硬度和层深的影响显著。温度越低,氮化层表面硬度越高,渗层越浅,变形量越小;反之温度越高,氮化层表面硬度降低,层深增加,变形量增大。同时氮化后的硬度不仅取决于温度,还与氨的分解率有关。氮化时间取决于所要求的氮化深度和氮化温度。由于氮化在较低温度下进行,渗氮速率低。与渗碳相比,氮化层深度比渗碳浅(一般为 0.5 mm 左右),更深的氮化层深度则需要更长时间的氮化。

根据氮化零件所用钢材和技术要求不同,可采用不同的氮化工艺。常用的氮化工艺方法有以下三种。

1)等温氮化

等温氮化又称一段氮化,这是在一个恒定的温度下(480~530 ℃)进行长期氮化的过程。图 5-3(a)所示为 38CrMoAl 钢常用的一种等温氮化工艺。在氮化开始的 15~20 h 是表层形成氮化物阶段。为了获得高硬度表层,应采用较低的氨分解率(18%~25%)。如分解率大于 30%,表面硬度会降低至 900 HV 以下。第二阶段表层氮原子向内扩散,增加氮化层的深度。所以采用较高的氨分解率(30%~40%),这样可以减少脆性,硬度梯度比较平缓。

氮化结束前 2~4 h 将分解率提高到 70% 以上,以进一步降低脆性。这一过程常称为退氮处理。为了提高退氮处理效果,退氮温度可提高到 560 ℃。

等温氮化表面硬度为 1 000~1 200 HV,变形小、脆性低。缺点是周期长、成本高、渗层浅。适用于氮化深度浅、尺寸精密、硬度要求高的零件。

2)二段氮化

这是在等温氮化的基础上,为缩短氮化周期而采用的氮化工艺。氮化分两段进行,如图 5-3(b)所示。第一阶段在较低温度(510~520 ℃)和较低氨分解率(18%~25%)下氮化 10~20 h。目的是使工件表面形成弥散度较高的氮化物颗粒,从而保证零件有较高的硬度。第二阶段将温度提高到 540~560 ℃,氨分解率为 35%~45%。由于第二阶段的温度并不太高,第一阶段所形成的氮化物不会显著聚集长大,因而硬度下降不多。温度的提高使氮的扩散加快,缩短了氮化时间,并且使氮化层硬度梯度趋于平缓。第二阶段结束后还可以加大氨分解率,进行退氮处理。

与等温氮化相比,二段氮化的表面硬度稍低,变形略有增大,但比等温氮化渗速快,适用于氮化层较深、批量较大的零件。

3)三段氮化

它是在二段氮化的基础上发展起来的,如图 5-3(c)所示。其特点是适当提高第二阶段的温度,加速氮化过程,并增加较低温度的第三阶段,分解率很高(70%~100%),以减少表面的氮浓度,降低氮化层脆性。或者采取与第一阶段相同的氨分解率,以补充工件表面氮含量的消耗。

为了减少渗氮层的脆性,可在渗氮结束前 2~3 h 进行退氮处理,即将氨分解率提高到 90% 以上。几种模具钢的气体渗氮工艺规范如表 5-3 所示。

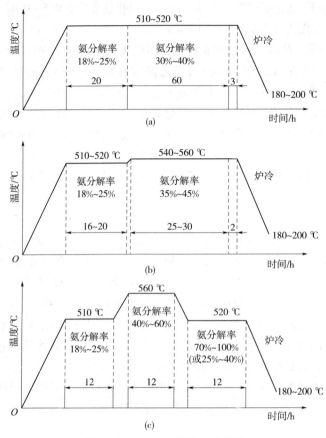

图 5-3　38CrMoAl 氮化工艺曲线

表 5-3　常用模具钢氮化工艺规范

钢　号	序　号	渗氮工艺规范				渗氮层深度/ mm	表面硬度/ HV
		阶段	温度/℃	时间/h	氨分解率/%		
38CrMoAl	1	I	510 ± 5	80	30 ~ 50	0.5 ~ 0.6	> 1 000
	2	I	510 ± 10	25	18 ~ 25	0.5 ~ 0.7	> 900
		II	550 ± 10	35	50 ~ 60		
			550 ± 10	2	> 90		
	3	I	520 ± 5	10	20 ~ 25	0.4 ~ 0.6	> 100
		II	570 ± 5	16	40 ~ 60		
		III	530 ± 5	18	30 ~ 40		
			530 ± 5	2	> 90		
3Cr2W8V	4	I	480 ~ 490	20 ~ 22	15 ~ 25	0.25 ~ 0.35	≥ 600
		II	520 ~ 530	20 ~ 24	30 ~ 50		
			600 ~ 620	2 ~ 3	100		

续表

钢　号	序　号	渗氮工艺规范				渗氮层深度/ mm	表面硬度/ HV
		阶段	温度/℃	时间/h	氨分解率/%		
Cr12MoV	5	I	490~500	15	15~25	0.15~0.25	≥750
		II	520~530	30	30~40		
			540~550	2	100		
40Cr	6	I	470~480	10	15~25	0.2~0.28	≥480
		II	510~520	25	30~50		
			550~560	2	100		

4. 离子氮化

离子氮化是利用稀薄的含氮气体在高压直流电场中电离来进行氮化。由于电离过程中产生辉光放电现象,所以又称辉光离子氮化。

1）离子氮化的基本原理

离子氮化是以工件作为阴极、炉体作为阳极。把炉内抽成真空后,充入少量的氨气,然后加以高压直流电场,此时炉内稀薄气体发生电离,被电离的氮和氢的正离子在高压电场作用下以极高的速度轰击工件表面。正离子具有的巨大动能一部分转化为热能,使工件表面迅速加热到氮化温度;另一部分使氮离子直接渗入工件表面并引起阴极溅射效应,即从表面溅出电子和铁原子。溅射出来的铁原子与氮原子结合生成氮浓度很高的氮化铁 FeN,并吸附在工件表面。FeN 由于受热和离子轰击作用又迅速分解为 Fe_2N、Fe_3N、Fe_4N,并释放出氮原子,其中一部分氮原子渗入工件表面并向内部扩散形成氮化层,另一部分氮原子则回到辉光放电的气体中,重新参与氮化作用,如图 5-4 所示。

离子氮化设备主要由炉体、供电系统、测温系统、真空系统、供气系统组成,离子氮化设备示意图如图 5-5 所示。

2）离子氮化工艺参数

（1）氮化温度与时间:温度与时间对氮化

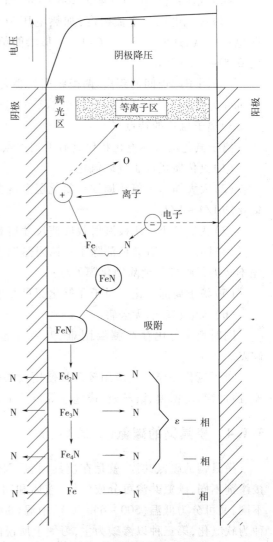

图 5-4　离子氮化原理示意图

层硬度和深度的影响同气体氮化大致相同。离子氮化的温度范围较宽,可在 400～570 ℃ 范围内选择。保温时间取决于氮化件的材料、氮化层硬度和深度要求。

（2）气源:常用氨气,使用简便。还可采用氮和氢的混合气,其比例可在 9∶1 至 1∶9 之间选择。当 N_2 和 H_2 的比值为 2.5∶7.5 时,离子氮化层具有最好的韧性;当 N_2 与 H_2 的比值为 9∶1 时,渗层表层有较高的硬度和耐磨性。

（3）真空度:一般讲真空度维持在 1.33～13.3 Pa。

（4）气压:气体压力一般为 266～798 Pa。

（5）辉光电压与电流密度:加热电压为 550～750 V;在保温阶段,电压应适当比加热阶电压略低,通常为 550～650 V。形状简单的取 650 V,形状复杂的取 550 V。电流密度为 0.5～5 mA/cm²。

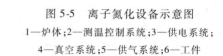

图 5-5 离子氮化设备示意图
1—炉体;2—测温控制系统;3—供电系统;
4—真空系统;5—供气系统;6—工件

（6）阴阳两极间的距离:两极距离只要大于辉光厚度就可以维持辉光放电,一般以 30～70 mm 为宜。

3）离子氮化的特点

离子氮化与气体氮化相比具有下列优点:

（1）氮化质量优于气体氮化。

（2）大大缩短了氮化周期。氮化层深度在 0.4 mm 以下时,离子氮化时间仅相当于气体氮化的 1/4～1/2。

（3）变形量小。阴极溅射效应使尺寸略有减小,可抵消氮原子渗入而引起的尺寸涨大。

（4）阴极溅射有效地消除了不锈耐热钢表面的钝化膜,所以这些钢进行离子氮化时,事先不必进行喷砂等消除钝化膜处理。

（5）易于局部氮化。对于非氮化面只要采用简单的屏蔽,用铁皮把辉光遮住即可。

（6）节电、节氨、无公害。

同时离子氮化存在测温困难、温度分布不均匀、深孔氮化困难、投资高、操作复杂等缺点。

离子氮化是模具上应用较多且使用效果较好的一种表面强化方法,在热锻模、冷热挤压模、冷冲模、冷镦模、滚丝模、拔丝模等模具上,获得了较好的应用效果。

5.1.4　模具钢的碳氮（氮碳）共渗

模具钢的碳氮共渗,就是在模具钢表面将碳、氮同时渗入工件表面的化学热处理过程。按渗剂不同,碳氮共渗可分成气体、液体和固体三种,我们目前多采用气体法。按共渗温度不同,又可分为低温（500～650 ℃）、中温（800～880 ℃）和高温（900～950 ℃）三种。第一种为软氮化,第三种以渗碳为主,习惯上所说的碳氮共渗是指中温气体碳氮共渗。

1. 碳氮共渗的特点

碳氮共渗是渗碳和氮化工艺的综合,兼有二者的长处,其主要优点如下:

(1)氮是扩大 γ 相区的元素,降低了共渗层的临界点。所以碳氮共渗温度比渗碳温度低(通常为 820～860 ℃),晶粒不会长大,适宜直接淬火。

(2)碳氮共渗比单纯渗碳或氮化的速度快,这是由于氮的渗入不仅降低了渗层的临界点,同时还增加了碳的扩散速度。

(3)氮是强烈稳定奥氏体的元素。氮的渗入增加了渗层过冷奥氏体的稳定性,碳氮共渗可采用较低的冷却速度淬火,减少了淬火变形和开裂倾向。

(4)共渗层比渗碳层的耐磨性和疲劳强度更高,比氮化层有更高的抗压强度和较低的表面脆性。

碳氮共渗的缺点是共渗层浅,易产生黑色组织等。

2. 中温气体碳氮共渗

气体碳氮共渗的介质实际上是渗碳和渗氮用的混合气体。目前热处理生产中常用的方法是在井式气体渗碳炉中滴入煤油,使其热分解出渗碳气体,同时向炉中通入所用的氨气。在共渗温度下,煤气和氨气除了单独进行渗碳和渗氮作用外,它们相互之间还可发生化学反应产生活性碳、氮原子。

此外,有的工厂采用渗碳富化气(甲烷、丙烷、城市煤气等)加氨、三乙醇胺、丙酮加甲醇和尿素等作为共渗剂。

碳氮共渗温度影响到渗层深度、组织、表面碳氮浓度及零件的变形大小。共渗温度一般采用 820～860 ℃。温度过低,不仅使共渗速度减慢,而且容易在表层形成脆性的高氮化合物相,使渗层变脆,影响使用性能。共渗时间主要取决于渗层的深度要求。

碳氮共渗适用于基体具有良好的韧性,而表面硬度高、耐磨性好的模具零件,如塑料模及冲裁模中凸模及凹模等零件。

3. 氮碳共渗(软氮化)

软氮化是在 Fe-N 共析温度以下(530～570 ℃)对模具钢进行的碳氮共渗,是以渗氮为主的化学热处理过程。实际上,软氮化所得到的渗层并不软,碳钢的表面硬度可达 550 HV以上,38CrMoAl 钢可高达 1 000 HV 以上,氮化层韧性比较好,故习惯上称为软氮化。

软氮化与气体氮化相比,具有如下特点:

(1)由于活性碳原子的存在对氮化起到催渗作用,从而使软氮化速度比气体氮化大为提高。

(2)渗层中的化合物层不是 Fe_2N,而是含有一定量碳的 Fe_3N。这种化合物的脆性较小,故一般软氮化的化合物层韧性较好。

(3)常用软氮化温度为 570 ℃,此温度略高于 Fe-C-N 三元共析点(565 ℃),渗层中存在着 γ 相。软氮化后快冷时,γ 相将转变为含氮马氏体,使渗层保持较高的硬度。在缓冷时 γ 相将转变为 α + γ′相,使渗层硬度降低。对于碳钢及低合金钢来说,两者要相差 10 HRC 左右,所以在 570 ℃软氮化时适宜快冷。

(4)软氮化适用于任何钢种和铸件。

软氮化的工艺参数是软氮化温度、氮化时间以及渗入介质的活性和加入量,同样根据模具的技术要求来选择。

在 570 ℃时氮在 α-Fe 中的溶解度最大,所以软氮化温度一般为 570 ℃。但对于高速钢和高铬模具钢,为了保持工件的整体强度和红硬性,软氮化温度不能超过其回火温度。软氮化温度通常采用 510 ~ 550 ℃。

在 1 ~ 6 h 内,化合物层深随时间增加而增加,在 1 ~ 3 h 内增加最快,超过 6 h 层深增加极微。这是由于 ε 相形成后碳在化合物层中浓度增加,阻碍了氮的扩散。表面硬度也是在 2 ~ 3 h 内出现最大值。所以软氮化时间一般为 2 ~ 3 h。

采用尿素作为渗入介质,模具钢软氮化实例如下:

(1)Cr12MoV 钢模具软氮化工艺曲线如图 5-6 所示。处理后可得到 0.002 ~ 0.007 mm 的化合物层,0.05 ~ 0.10 mm 的扩散层,表面硬度为 750 ~ 850 HV100。

(2)3Cr2W8V 钢模具软氮化工艺曲线如图 5-7 所示。处理后可得到 0.003 ~ 0.010 mm 的化合物层,0.10 ~ 0.18 mm 的扩散层,表面硬度为 750 ~ 850 HV100。

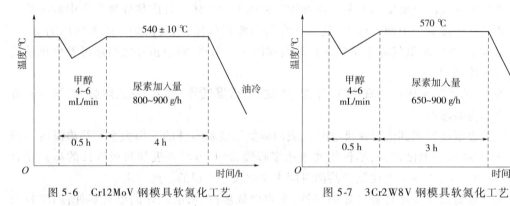

图 5-6　Cr12MoV 钢模具软氮化工艺　　　　图 5-7　3Cr2W8V 钢模具软氮化工艺

5.1.5　模具渗硼

渗硼是将硼渗入工件表面形成硼化物的化学热处理方法。渗硼能够使工件表面具有极高的硬度(1 400 ~ 2 300 HV)和耐磨性,良好的抗蚀性、红硬性(硬度可保持到 800 ℃而不软化)和抗氧化性能。

按所用介质的物理状态,渗硼可分为固体渗硼、液体渗硼、膏剂渗硼、气体渗硼和电解渗硼等。

1. 固体渗硼

把工件埋在含硼的粉末中,并在大气、真空或保护气氛条件下加热至 800 ~ 950 ℃,保温时间为 2 ~ 6 h。可获得 0.1 ~ 0.3 mm 厚的渗层。

渗硼剂可以用无定形硼、硼铁、硼氟酸钠、碳化硼、无水硼砂等含硼物质,并配置适量的氧化铝和氯化铵等制成。也可以把渗硼剂喷于工件上或制成膏状涂覆在工件表面,然后用感应加热使之在短时间内扩散,获得一定的硼化物渗层。

固体渗硼的设备较为简单,适于处理大型模具。固体渗硼的缺点是渗硼速度较慢,碳化硼、硼铁粉等价格昂贵,热扩散时间较长,且温度高,渗层浅等。

2. 盐浴渗硼

这种方法是把工件放在盐浴中扩散渗硼。硼砂为主盐,约占 70%,适当添加碳酸盐、氯化物、氟化钠、氟氯酸钠等,可以改善盐浴的流动性,以金刚砂、铝粉、硅钙合金、硅铁作为还原剂。盐浴渗硼的温度一般为 950 ~ 1 000 ℃,时间一般不超过 6 h,时间过长易使渗硼层变脆。

盐浴渗硼法的优点:可通过调整渗硼盐浴的配比来控制渗硼层的组织结构、深度和硬度;渗层与基体结合较牢,模具表面粗糙度不受影响;工艺温度较低;渗硼速度较固体法快;设备操作简单。此法的缺点是盐浴流动性较差,模具表面残盐的清洗较困难。目前我国大多数工厂采用盐浴渗硼法,采用硼砂加碳化硅的盐浴较多。

渗硼工艺可用于各种模具。碳钢和低合金钢渗硼处理后,可部分代替 3Cr2W8V、W18Cr4V、Cr12MoV。对于磨粒磨损条件下工作的零件,在腐蚀介质中和高温工作的零件,都有良好的效果。模具渗硼工艺及使用寿命情况如表 5-4 所示。

表 5-4　模具渗硼工艺及使用寿命情况

模具名称	材　料	渗硼工艺参数	使用寿命	备　注
拉深凹模	CrWMn 9CrWMn	930 ~ 950 ℃ 3 ~ 4 h	7 ~ 10 万次	未渗硼的使用寿命为几千次
冷镦六角螺母用凹模	Cr12MoV	950 ~ 960 ℃ 6 h	5 ~ 10 万次	未渗硼的使用寿命 3 ~ 5 千次
落料拉深凹凸模	CrWMn 9CrWMn	900 ~ 930 ℃ 2 ~ 3 h	7 ~ 10 万次	未渗硼的使用寿命为几千次
拉深模	T8A	930 ~ 950 ℃ 3 ~ 5 h	1 千 ~ 1 万次	未渗硼的使用寿命为几十至 1 千次
拉深模	T10A	930 ~ 950 ℃ 3 ~ 5 h	5 千件后仍可使用	未渗硼的使用寿命仅几百件
冷镦模	T8A Cr12	930 ~ 950 ℃ 3 ~ 5 h	10 万件后仍可使用	未渗硼的 T8A 使用寿命为 3 ~ 4 千件 未渗硼的 Cr12 使用寿命 3 ~ 5 千件
冷挤压模	W18Cr4V	970 ~ 990 ℃ 5 h	4 千件还未损坏	原用 Cr12MoV 钢未渗硼使用寿命为 500 件左右

5.1.6　模具渗金属

渗金属是用金属元素饱和工件表面,使工件具有某些特定的物理化学性质的化学热处理方法,如渗铝能获得抗高温氧化性能。这样就可用普通钢材经渗金属处理后来代替高合金的特殊钢材,以节约贵重的合金。

渗金属和其他化学热处理一样,也包括含有渗入金属的介质分解,渗入金属原子被钢表面吸收以及渗入金属原子的扩散。由于金属原子在铁中的扩散速度比碳、氮等原子慢得多,因此为了获得一定深度的渗层,渗金属需要更高的温度和更长的保温时间。

1. 渗铬

模具工件渗铬后在表面形成铬、铁、碳的渗层,使工件具有耐蚀性、抗氧化性、耐磨性和较好的抗疲劳性能。

渗铬与镀铬相比,渗铬层致密,形状复杂的工件能得到均匀的渗层,渗层与基体结合较牢固。此外,抗蚀性、抗氧化性均比镀铬好。

渗铬有三种方法,包括固体、液体和气体渗铬。在模具生产中常用固体渗铬方法。

1)粉末渗铬法

(1)渗剂配方。常用的渗铬剂配方:50% 铬粉(98% Cr),加 48% 氧化铝粉(经 1 100 ℃焙烧),加 2% 氯化铵。其中铬粉是产生活性铬原子的来源;氧化铝粉为填充剂,减少铬粉在高温下的黏结;氯化铵起催化和排气作用。

(2)工艺过程。固体渗铬工艺常用 1 050 ~ 1 100 ℃,保温 6 ~ 12 h,炉冷至 600 ~ 700 ℃再出炉空冷。低碳钢可获得 0.05 ~ 0.15 mm 渗铬层,高碳钢可获得 0.02 ~ 0.04 mm 渗铬层。

工艺操作与固体渗碳相似。将工件与渗铬剂密封在箱内加热到渗铬温度,保温数小时后,炉冷至 600 ℃,出炉空冷到室温再拆箱。渗铬时,要特别注意防止渗剂结块及铬粉过快氧化,故要求渗铬箱的密封性好,渗铬箱、工件和渗剂应事先烘干。

2)真空渗铬法

真空渗铬就是将装有工件和渗剂的真空渗铬罐抽成真空后放入到加热炉中加热。真空渗铬剂采用 30% 铬粉、70% 氧化铝粉,再另加两者总质量 5% 的浓盐酸。在 950 ~ 1 100 ℃保温 5 ~ 10 h,罐内压力维持在 13.33 Pa 以下,Cr12 钢可获得 0.01 ~ 0.03 mm 渗铬层;45 钢为 0.02 ~ 0.04 mm;20 钢为 0.08 ~ 0.10 mm。真空渗铬的渗层质量高,时间短,渗铬剂消耗少,因而获得广泛应用。

3)渗铬后的热处理

渗铬后,基体组织由于在高温下长时间保温,引起晶粒粗大,强度、塑性很差。对于要求耐磨、抗蚀、强度及韧性较好的零件,在渗铬后必须进行正火、淬火及回火处理,改善心部组织;对于只要求表面耐磨、抗蚀、抗氧化的零件,可以不必再热处理。

热处理工艺规范按模具材料及技术要求而定。加热时宜用空气炉,不宜用盐炉,以免引起渗层腐蚀。

渗铬对热态工作或承受强烈磨损的模具有显著效果,适用于锤锻模、压铸模、塑料模、拉深模等。

2. 渗钒

渗钒是在中高碳钢或合金钢模具表面,被覆硬度达 2 800 ~ 3 200 HV 的钒碳化合物层,以提高模具的硬度、耐磨性和抗咬合性能。

渗钒就是将模具置于能产生活性钒的盐浴中,在一定温度下加热并保温适当时间,使钒进入模具表面并与碳形成碳化物的过程。

模具渗钒,表面硬度较高,具有良好的耐蚀性、抗氧化性、良好的耐热黏性、耐冲击性和耐剥落性,比渗硼有更高的抗蚀、磨损和磨料磨损性能。GCr15 模具渗钒后油淬比渗硼后油淬耐磨性提高 13.7 倍。

盐浴渗钒广泛应用于冲裁模、弯曲模、挤压模、切边模、深冲模、冷锻模和粉末冶金模,使用寿命与渗氮处理的模具相比,可提高几倍到几十倍。

3. TD 处理

TD 处理(TD Process)是热扩散法碳化物覆层处理(Thermal Diffusion Carbide Coating Process)的简称。因该技术由日本丰田中央研究所于 20 世纪 70 年代首先研制成功并申请专利,又被称为 Toyota Diffusion Process,也简称 TD Process,TD 处理在我国称为熔盐渗金属。

TD 处理是把基盐(硼砂或中性盐)放入坩埚中,并加热至 850 ~ 1 050 ℃,在熔化的基盐中加入一定比例的供渗剂(即渗入金属的氧化物或其铁合金粉末)以及活化剂形成熔盐,然后将模具工件浸入其中,保温 1 ~ 10 h。在此过程中被还原出的活性金属原子沉积在工件表面上,与由基体内扩散到表面的碳原子形成几微米至几十微米的渗入金属碳化物镀层。图 5-8 为 TD 处理装置示意图。

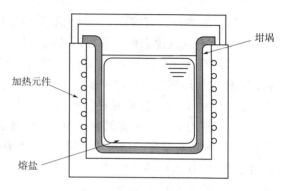

图 5-8　TD 处理装置示意图

图 5-9 所示为碳化物形成模型。熔盐浴中的碳化物形成元素与工件表层碳原子结合形成碳化物,碳原子不断向外扩散,使碳化物层不断加厚。实际碳化物层厚度在 5 ~ 15 μm 范围内,厚度过大将导致表面含碳量不足,而形成低碳化合物。

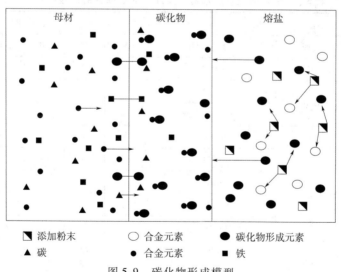

图 5-9　碳化物形成模型

一般情况下,TD 覆层处理的基本工艺过程:工件检查→抛光→吊装→TD 覆层处理→淬火 + 回火(1 ~ 3 次)→清理→检验→尺寸调整→抛光→入库。

TD 处理的特性:

(1)高硬度。硬度可达 2 800 ~ 3 200 HV,远高于氮化和镀硬铬。因此使表面具有耐磨损、抗拉伤、耐腐蚀等性能。表 5-5 所示为 TD 处理与其他表面处理技术的硬度比较。

表 5-5　TD 处理与其他表面处理技术的硬度比较

工　艺	渗　碳	渗　氮	镀硬铬、化学镀 Ni-P	渗　硼	PVD、PCVD	硬质合金	TD 覆层处理
硬化相	马氏体及碳化物	氮化物	Cr、NiP_3	Fe_2B、FeB	TiN、TiCN	WC、Co	VC
硬度/HV	≈900	≈1 200	1 000	1 300~2 300	2 000~3 000	1 200~1 800	2 800~3 200

（2）高耐磨性。实践证明,由磨损引起的工件失效,经 TD 覆层处理技术处理后寿命较未经表面处理或其他表面处理提高几倍至几十倍。

（3）抗咬合。实验证明,无论配对材料是难加工的不锈钢,还是其他各种钢材或有色金属,TD 覆层处理都表现出较硬质合金更高的抗黏结(咬合)性能。该技术也是目前解决因黏结(咬合)而引起拉伤问题最经济有效的方法。

（4）覆层与基体呈冶金结合。由于 TD 覆层是通过扩散形成的,所以 TD 覆层与基体呈冶金结合,覆层与基体的结合力较镀硬铬、PVD 或 PCVD 镀层高的多,使用中不会脱落,这一点对于发挥 TD 覆层的高耐磨、高抗黏结(咬合)性能尤其重要。因此,在拉深模、弯曲模、翻边模、薄板辊压成形、冷镦模、粉末冶金模中广泛应用。

（5）极高的耐蚀性能。实验证明,TD 覆层较不锈钢具有更好的耐蚀性能。表 5-6 所示为通过硝酸及盐酸水溶液浸渍后的耐蚀性能比较。VC 覆层的试验片与 SUS304 相比,耐蚀性更高。

表 5-6　经硝酸及盐酸水溶液浸渍后的耐蚀性的比较（常温）

水 溶 性	试　验　片		试 验 时 间					
	处　理	母　材	5	25	50	100	200	300
10% HNO_3	未处理	SUS304	◎	◎	◎	—	—	—
	CrC 覆层	SKD11	◎	◎	△	—	—	—
		SUS304 渗碳	◎	◎	◎	◎	—	—
36% HCl	未处理	SUS304	×	×	×	×	×	×
	CrC 覆层	SK4	◎	△	—	—	—	—
		SKD11	◎	○	△	—	—	—
		SKD11 *	◎	◎	◎	△	—	—
		SKD11 硬质镀铬	◎	◎	◎	◎	◎	○
	VC 覆层	SK4	◎	○	—	—	—	—
		SKD11	◎	◎	◎	—	—	—
	NbC 覆层	SK4	◎	◎	—	—	—	—
		SKD11	◎	◎	—	—	—	—

注:* 被覆处理条件改善　◎没有腐蚀　△局部腐蚀　○程度较深的局部腐蚀　×全面腐蚀　—未进行试验

（6）可多次重复处理。中高合金钢工件的 TD 覆层磨损或损坏后,仅需修复损坏部位,即可再进行 TD 覆层处理。而镀硬铬、PVD 或 PCVD 镀层则需将工作部位的所有原来的镀层去除,方可进行再次处理。

大量实践证明,TD 覆层处理是目前解决拉伤问题有效而经济的方法之一,并可将模具的使用寿命提高数倍至数十倍,极具使用价值。例如,车轮轮圈成形模,原来采用 CrWMn 进行盐浴氮化处理,寿命至 1 000 次左右时,工件和模具即严重拉伤甚至卡死,后改用模具材料 Cr12MoV,并进行 TD 覆层处理后,根本上解决了工件表面拉伤问题,模具寿命一般可达 8 万件以上。

采用 TD 处理获得碳化物覆层的工艺也有一定的局限性,在应用于模具的表面硬化时,要注意以下几点:

(1)TD 覆层处理一般在 850 ~ 1 050 ℃条件下处理,渗层会引起尺寸涨大,对高精度模具应采取措施,防止变形。

(2)处理前模具必须加工到要求的表面粗糙度,以保证处理后的表面质量。

(3)当载荷过大,引起模具产生塑性变形时,会引起碳化物层产生裂纹。

(4)薄刃模具因在薄刃处供碳不足,难以形成厚的碳化物层。

(5)对基体材料的含碳量应合理选择,在不影响钢的韧性或其他性能的条件下,应保证能提供足够的碳,以形成碳化物。

(6)模具在 500 ℃以上氧化性气氛中长期使用,会使 VC、NbC 等碳化物层氧化,影响其性能。

5.2　模具表面涂镀处理

5.2.1　金属堆焊技术

堆焊技术就是采用不同的焊接方法(如焊条电弧焊、气焊、埋弧焊、电渣焊及等离子焊等)和焊接工艺将填充金属熔覆在工件表面的技术。通过堆焊可以获得特定的表面性能和表面尺寸。这种工艺过程主要是实现异种金属的冶金结合,其目的就是增加零件的耐磨、耐热及耐腐蚀等性能。采用该方法除了可以显著提高工件的使用寿命,节约制造及维修费用外,还可以减少修理和更换零件的时间,减少停机停产的损失,从而提高生产效率,降低生产成本。

模具在长期使用后,出现型腔塌陷、裂纹、尺寸磨损变大等现象,造成模具失效报废,一般需重新制造。金属堆焊技术是选用高红硬性(热作模具)、高硬度、高耐磨性(冷作模具)的堆焊金属,在模具易疲劳变形部位,堆焊上一定厚度的合金钢。因此,堆焊时应根据模具的不同要求选用合适的焊条,如锰钼钢、锰铬硅等焊条。

修复的模具一般部位用气动砂轮铲除疲劳裂纹,死角深部可用电弧气刨消除后,用气割在修复部分加工深 10 mm 的凹台,然后进行表面清洁。为了防止堆焊修复后开裂,被堆焊的模具要进行预热(450 ~ 500 ℃),堆焊完成后要缓冷,防止开裂,再立即进行回火。此时堆焊部位的硬度远高于模体的硬度。

模具堆焊技术可以使模具获得理想的综合性能,可以降低模具的再制造成本,延长模具使用寿命。一般锻造用切边模 5 000 ~ 6 000 件即报废,堆焊后一次使用寿命可提高 1 ~ 2

倍。热锻模寿命可提高 1 倍以上,而且可重复修复多次。

5.2.2 电镀技术

电镀是指在含有欲镀金属的导电溶液中,在直流电的作用下,以被镀基体金属为阴极,以欲镀金属或其他惰性导体为阳极,通过电解作用,使欲镀金属的离子在基体表面沉积出来,从而获得牢固镀层的表面处理技术。

电镀的目的是为了获得不同基体材料,而且具有特殊性能的表面,既可以用作耐腐蚀防护性镀层,也可以作为装饰性镀层和耐磨、减摩等功能性镀层。

1. 电极反应

图 5-10 为电镀基本原理图。被镀金属为阴极,与直流电源的负极相连。阳极可分为可溶性阳极和不可溶性阳极,与直流电源的正极相连,阳极与阴极均浸入电解液中。

1)阴极反应

在外加电流作用下,从镀液内部扩散到阴极和镀液界面的金属离子 M^{n+},从阴极上获得 n 个铬电子而被还原成金属并沉积于基材表面的过程,其电化学反应如下

$$M^{n+} + ne \rightarrow M$$

2)阳极反应

为补充在阴极不断消耗的金属正离子,大多数情况下,电镀都采用可溶性阳极。阳极上金属原子失去电子变为金属粒子,其电化学反应式如下

$$M - ne \rightarrow M^{n+}$$

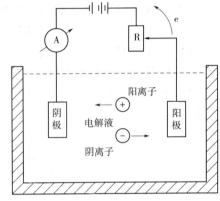

图 5-10 电镀基本原理图

2. 影响电镀质量的因素

1)pH 的影响

溶液中的 pH 值主要影响氢的放电、碱性夹杂物的沉淀、络合物和水化物及添加剂的吸附程度。pH 值对各种因素的影响程度一般不可预知,太高或太低的 pH 值都不利于电镀,最佳 pH 值必须通过实验测定。

2)电流密度的影响

任何镀液都有一个与之相应的获得良好镀层的电流密度范围。一般来说,电流密度过低时,阴极激化作用小,镀层晶粒粗大,生产率低。所以生产上力求在允许的限度内采用较高的电流密度。但过高的电流密度常因浓差极化而受到限制,否则在工件的尖角区和凸出处出现枝晶状镀层或在整个镀面上产生海绵状疏松镀层,且会在工件的边缘区发生"烧焦"现象。

3)添加剂的作用

添加剂的主要作用是能够吸附在阴极表面阻碍阴极析出,提高阴极极化作用,从而细化镀层晶粒,提高镀层质量。

4）电流波形的影响

电流的波形对镀层的组织、光亮度、镀液的分散与覆盖能力、合金成分和添加剂的耗量都有影响。因此恰当选用电源非常重要，一般说来，三相全波整流和稳压直流相当，对镀层组织几乎没有什么影响，而其他波形则影响较大。

5）搅拌的影响

搅拌会加速溶液对流，加快补充电极表面镀层的金属离子，降低浓度极化。但另一方面，搅拌提高了允许使用的阴极电流密度上限值，可以克服因搅拌降低阴极极化作用而导致晶粒粗化的现象，提高电流效率，获得致密细化的结晶镀层。

6）温度的影响

一方面提高镀液温度，会增加盐类的溶解度，提高镀液的导电率，提高允许电流密度上限值，增大阳极极化作用，提高生产效率，减少针孔，降低镀层内应力；另一方面，提高镀液温度，会加快阴极反应速度和离子扩散速度，降低阴极极化作用，使晶粒变粗。

3. 金属电镀的基本工艺过程

金属电镀的基本工艺过程包括镀前处理、电镀及镀后处理三个步骤，可以用下面的流程来表示：

磨光→抛光→去油脱脂→除锈→活化处理→电镀→钝化→除氢→浸膜。

4. 模具镀铬

铬层具有较高的耐蚀性，在 480 ℃以下不变色，在 500 ℃以下加热对镀铬层的硬度无影响，但加热到 700 ℃时硬度显著降低。铬层的摩擦因数低，尤其是干摩擦因数是所有金属中最低的，镀铬层的硬度为 900 ~ 1 200 HV，可有效提高模具的耐磨性，而不会引起模具变形。镀铬层的种类很多，主要包括装饰镀铬、镀硬铬、松孔镀铬。

1）装饰镀铬

一般经多层电镀（即镀铜、镀镍、镀铬）才能达到防锈、装饰的目的，装饰镀铬层广泛应用于仪器、仪表、飞机、汽车、钟表、日用五金等。

2）镀硬铬

硬度高、摩擦因数低、耐磨性好、耐蚀性好且镀层光亮，与基体结合力较强，可用作冷作模具和塑料模具的表面防护层，以改善其表面性能。镀层的厚度达 0.03 ~ 0.5 mm。可用于尺寸超差模具的修复。镀硬铬是在模具上应用较多的表面涂镀工艺。

3）松孔镀铬

若采用松孔镀铬，使镀层表面产生许多微细沟槽和小孔以便吸附、储存润滑油，这种镀层具有良好的减摩性和抗黏附能力。例如，在 3Cr2W8V 钢制压铸模的模腔表面镀上 0.025 mm 厚的多孔性铬层，使用寿命提高到原来的两倍。

随着电镀技术的发展，现已出现了合金电镀、复合电镀、电镀非晶体等技术。

5.2.3　电刷镀

电刷镀是用裹有包套浸渍特种镀液的镀笔（阳极）贴合在工件（阴极）的被镀部位并作相对运动，使镀液中的金属离子在被镀工件表面放电结晶形成所需镀层的工艺。

电刷镀技术源于电镀技术,是特种电镀之一,不同于常规电镀工艺,是一种极具特色的实用技术。电刷镀装置与工作原理如图 5-11 所示。

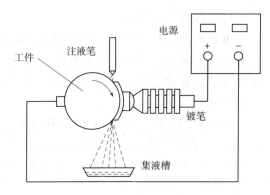

图 5-11 电刷镀装置示意图

电刷镀时,直流电源的负极接工件作为电镀的阴极,正极与镀笔中的不溶性阳极相连。镀笔由高纯度细结构的石墨阳极及前端包裹的涤棉套组成,石墨阳极做成与被镀表面相配合的形状,涤棉套浸满镀液以代替渡槽。施镀过程中,使阳极前端的涤棉套接触工件表面并沿表面相对滑动,镀液不断地添加在涤棉套和工件表面之间,镀液中的金属离子在电场作用下向工件表面迁移,在表面上还原成金属原子并沉积成镀层。

电刷镀的基本工艺过程:表面修整→表面清理→电净处理→活化处理→刷镀打底层→刷镀过渡层→刷镀工作层→镀后处理。

1. 电刷镀的工艺特点

(1)不受工件限制。电刷镀工艺灵活,操作方便,不受镀件形状、尺寸、材质和位置的限制。对于复杂型面,凡是镀笔能触及的地方均可施镀;对于难以拆卸、搬动或难以入槽的大型零件,可以在现场不解体施镀;对于小孔、深孔、沟槽等局部表面以及划痕、凹陷、磨损等,局部表面及缺陷处便于施镀。

(2)镀层质量高。由于镀笔在工件表面不断移动,沉积金属的结晶过程不断地受中断放电和外力作用的干扰,因而获得的镀层组织具有超细晶粒和高密度位错,其硬度、强度较高。同时镀层与基体金属的结合力较强,镀层表面光滑。

(3)沉积速度快。电刷镀的阴、阳极之间仅有涤棉套的阻隔,距离很近,一般不大于 5 ~ 10 mm。金属离子的迁移距离短,可采用高浓度镀液和大电流密度施镀,而不会产生金属离子的贫乏现象,因而沉积速度快,生产率高。

(4)使用范围广。一套电刷镀设备可采用多种镀液,刷镀各种单金属镀层、复合镀层等,以满足各种不同的需要。

2. 电刷镀在模具表面强化工艺中的应用

鉴于电刷镀的上述特点,使它在模具制造中也有较高的实用价值,可用于模具工件表面的修复、强化和改性。

1)粉末冶金压铸模的表面修复强化

模具材料为 2Cr12,内腔压铸 1 万只产品,磨损 0.1 mm,超差,为使模具型腔合格,强度提高,首先镀打底层(特殊镍),然后镀工作层(快速镍)。

其工艺过程如下:首先采用油石、水砂纸蘸水打磨模具表面,然后用有机溶液(丙酮)擦拭脱脂,再用清水彻底清洗。采用铬活化液活化,先电源反接,再电源正接,使模具表面呈银灰色。先用特殊镍镀液镀打底层,再用快速镍镀液镀工作层。经生产验证,不仅解决了模具尺寸超差问题,同时使模具的寿命提高了 4 倍。

2）注塑模表面强化

生产某型号塑料盆的注射模，模具材料为灰铸铁，模具底盘直径为 1 000 mm，合模高度为 400 mm，重 1.3 t。由于模具型腔表面硬度低，磨损严重，粗糙度值变大，致使加工出来的产品不合格。采用电刷镀技术对模具型腔表面进行强化处理，先电刷镀碱铜作为过渡层，再电刷镀镍钴合金作为工作表层，电刷镀后达到以下效果：

（1）模具型腔表面硬度由 23 HRC 提高到 40 HRC 左右；

（2）表面粗糙度值 Ra 由 6.3 μm 减为 0.8 μm；

（3）模具表面耐磨性提高了两倍；

（4）塑料件制品脱模容易。

该模具经电刷镀后三班生产连续使用一年多，效果良好。

5.2.4 化学镀

化学镀是指在无外加电流的条件下，利用还原剂使镀液中的金属离子还原为金属，并沉积在工件表面上，形成具有特殊性能镀层的一种表面加工方法。

化学镀可获得单一金属镀层、合金镀层、复合镀层和非晶态镀层。与电镀相比，化学镀是一个无外加电场的电化学过程。其优点是设备简单、操作方便，均镀能力和深度能力好，具有良好的仿形性（即在形状复杂的模具表面上获得均匀厚度的镀层），镀层致密并与基体结合良好，模具无变形。

1. Ni-P 化学镀

Ni-P 化学镀的基本原理是以次亚磷酸盐为还原剂，将镍盐还原成镍，同时使镀层中含有一定量的磷，沉积的镍膜具有自催化性，可使反应继续进行下去。

化学镀工艺已在多种模具上得到应用，采用 Ni-P 化学镀强化模具，既能提高模具表面的硬度和耐磨性，又能改善模具表面的自润滑性能，提高模具表面的抗擦伤能力和耐蚀性能，适用于冲压模、挤压模、塑料成形模、橡胶成形模。如 45 钢制拉深模，经化学镀 10 μm 厚的 Ni-P 层后，模具表面硬度达到 1 000 HV 以上，模具寿命延长 10 倍，产品质量明显提高。

Ni-P 化学镀应用于模具有以下优点：

（1）能提高模具表面的硬度、耐磨性、抗擦伤和抗咬合能力，脱模容易，并可提高模具的使用寿命。

（2）Ni-P 化学镀层与基体结合强度高，能够承受一定的切应力，适用于冲压模和挤压模。

（3）Ni-P 合金层具有优良的耐蚀性，对塑料膜和橡胶模可以进行表面强化处理。

（4）沉积层厚度可控，模具尺寸超差时，可通过化学镀恢复到规定尺寸。

（5）挤塑模和注射模等形状复杂的模具进行 Ni-P 化学镀，镀层厚度均匀且无变形。

2. 化学镀复合材料

凡是能够化学镀的金属及合金，原则上都能得到其复合材料。研究最多的是化学镀镍及其合金复合材料，其中研究较多的是采用 SiC、Al_2O_3 和金刚石的复合材料。含 SiC 化学镀复合材料是最常用的复合材料之一。由于 SiC 具有高硬度，从而使复合材料具有良好的耐磨性。实验测试表明,Ni-B-SiC 复合镀层的硬度和耐磨性不仅明显优于 Ni-B 化学镀层,而且远远优于硬铬镀层。经适当处理后,复合镀层的硬度和耐磨性将进一步提高。

5.3 模具表面气相沉积强化

气相沉积是在工件表面覆盖一层厚度为 0.5 ~ 10 μm 的过渡族元素(Ti、V、Cr、W、Nb 等)与 C、N、O、B 等形成的化合物,或单一的金属及非金属涂层,使模具表层改变化学成分,在模具表面形成功能性(例如超硬耐磨层)或装饰性的化合物涂层的工艺方法。

常用的沉积层为 TiC、TiN、Ti(C,N)等,具有以下性能特点:

(1)涂层具有很高的硬度、低的摩擦因数和自润滑性能,所以抗磨粒磨损性能良好。

(2)涂层具有很高的熔点,化学稳定性好,基体金属在涂层中的溶解度小,因而具有很高的抗黏附着磨损能力。

(3)涂层有较强的抗蚀能力和较高的抗高温氧化能力。

5.3.1 CVD 法

化学气相沉积(Chemical Vapour Deposition,简称 CVD)是用化学方法使反应气体在模具基材表面发生化学反应形成覆层的方法。通常 CVD 是在高温(800 ~ 1 000 ℃)和常压或低压下进行,获得 TiC、TiN、TiCN、Al₂O₃ 等被覆涂层技术。图 5-12 为 CVD 装置示意图。

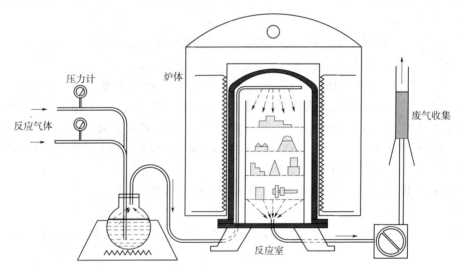

图 5-12 CVD 装置示意图

CVD 装置中,反应器是最基本的部件,处理的工件(模具)应放入反应器内,反应器装夹在加热炉中,然后加热至沉积反应所需求的工作温度,并保温一定时间。送入反应器中的气体根据工艺要求不同,以一定的流量比分别供给 N₂、H₂、TiCl₄、CH₄、Ar 等,其中 TiCl₄ 是通过加热液态的氯化钛得到的。反应后的废气经机械泵排出。为了防止发生爆炸事故,反应器在沉积过程结束后开启前要充入 Ar。为了去除气体中的有害成分,如氧、水等,管路还应配备必要的干燥净化装置。

工艺要求：

（1）沉积温度一般为 950～1 050 ℃，温度过高，可使 TiC 层厚度增加，但晶粒变粗，性能较差；温度过低，$TiCl_4$ 还原出来钛的沉积速度大于碳化物的形成速度，沉积物是多孔性的，而且与基体结合不牢。

（2）气体流量必须控制好，C 和 Ti 的比值最好在 0.85～0.97 之间，以防游离钛沉积，使 TiC 覆盖层无法形成。

（3）沉积速率通常为每小时几微米（包括加热时间和冷却时间），总的沉积时间为 8～13 h。沉积时间由所需镀层厚度决定，沉积时间越长，所得 TiC 层越厚；反之镀层越薄。沉积 TiC 的最佳厚度为 3～10 μm，沉积 TiN 的最佳厚度为 5～15 μm，太薄不耐磨，太厚结合力差。

沉积不同的涂层，将选择不同的化学反应，表 5-7 所示为 CVD 处理时代表性的化学反应实例。表 5-8 所示为典型 CVD 涂层的物理特性。

表 5-7　CVD 处理代表性化学反应实例

被覆材料	反应实例
TiC	$TiCl_4(g) + CH_4(g) \xrightarrow[950 \sim 1\,050\ ℃]{H_2} TiC(s) + 4HCl(g)$
TiN	$TiCl_4(g) + 1/2\,N_2(g) \xrightarrow[850 \sim 1\,000\ ℃]{H_2} TiN(s) + 4HCl(g)$
Ti(CN)	（1）高温 CVD 法 $TiCl_4(g) + CH_4(g) + 1/2\,N_2(g) \xrightarrow[900 \sim 1\,050\ ℃]{H_2} Ti(CN)(s) + 4HCl(g)$ （2）中温 CVD 法 $2TiCl_4(g) + R \sim CN(g) \xrightarrow[700 \sim 900\ ℃]{H_2} 2Ti(CN)(s) + HCl(g) + RCl(g)$
Cr_7C_3	$7CrCl_2(g) + 3CH_4(g) \xrightarrow[800 \sim 1\,000\ ℃]{H_2} Cr_7C_3(s) + 14HCl(g)$
Al_2O_3	$2AlCl_3(g) + 3CO_2(g) \xrightarrow[950 \sim 1\,050\ ℃]{} Al_2O_3 + 3CO(g) + 6HCl(g)$

表 5-8　典型 CVD 涂层的物理特性

物理性质 种类	碳化物 TiC	氮化物 TiN	碳氮化物 TiCN	氧化物 Al_2O_3
硬度/HV	3 000～4 000	1 900～2 400	2 600～3 200	2 200～2 600
溶融点/℃	3 160	2 950	3 050	2 040
密度/(g·cm^{-3})	4.92	5.43	5.18	3.98
热膨胀系数/(℃$^{-1}$) （200～400 ℃）	7.8×10^{-6}	8.3×10^{-6}	8.1×10^{-6}	7.7×10^{-6}
电阻率/Ωcm(20 ℃)	8.5×10^{-5}	2.2×10^{-5}	5.0×10^{-5}	10^{14}

物理性质 种类	碳 化 物	氮 化 物	碳 氮 化 物	氧 化 物
	TiC	TiN	TiCN	Al$_2$O$_3$
弹性率/(kg·mm^{-2})	4.48×10^4	2.56×10^4	3.52×10^4	3.90×10^4
摩擦因数/μ	0.25	0.49	0.37	0.15
适当被覆厚度/μm	2~8	2~8	2~10	1~3

化学气相沉积涂层的反应温度高,在基体与涂层之间易形成扩散层,因此结合力好,而且容易实现设备的大型化,可以大量处理。但是在高温下进行处理,模具变形较大,高温时间组织变化必然导致基体力学性能降低,所以化学气相沉积处理后必须重新进行热处理。

为了扩大气相沉积应用范围,减小模具变形,简化后续热处理工艺,通常采取降低沉积温度的方法,如等离子体化学气相沉积(PCVD)、中温化学气相沉积等,这些方法可使反应温度降到 500 ℃以下。

图 5-13 所示为高速工具钢 TiC/TiCN/TiN 复合覆层及热处理过程。

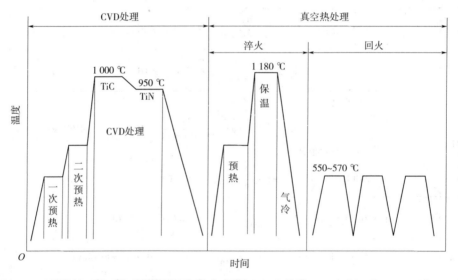

图 5-13　高速工具钢 CVD 处理

5.3.2　PVD 法

由于 CVD 法处理温度太高,模具基体需受相当高的沉积温度,易产生变形和基体组织变化,导致其力学性能降低,需在 CVD 沉积后进行热处理,增大了生产成本,因此在应用上受到一定的限制。

物理气相沉积是用物理方法把欲涂覆物质沉积在工件表面上形成膜的过程,通常称为 PVD(Physical Vapour Deposition)法。

在进行 PVD 处理时,工件的加热温度一般都在 600 ℃以下,这对于用高速钢、合金模具钢及其他钢材制造的模具都具有重要的意义。目前常用的有三种物理气相沉积方法,即真空蒸镀、溅射镀膜和离子镀。其中离子镀在模具制造中的应用较为广泛。

表 5-9 所示为 PVD 法制备的各种镀膜的特性及用途。

表 5-9　PVD 法制备的各种镀膜的特性及用途

镀膜种类	色调	硬度/HV	摩擦因数	耐腐蚀性	耐氧化性	耐磨耗性	耐烧结性	用途
TiN	金色	2 000 ~ 2 400	0.45	○	○	○	○	切削工具、模具、装饰品
ZrN	白黄金	2 000 ~ 2 200	0.45	○	△	△	△	装饰品
CrN	银白色	2 000 ~ 2 200	0.30	◎	○	○	◎	机械部件、模具
TiC	银白色	3 200 ~ 3 800	0.10	△	△	◎	○	切削工具
TiCN	紫罗兰色 ~ 灰色	3 000 ~ 3 500	0.15	△	△	◎	○	切削工具、模具
TiAlN	紫罗兰色 ~ 黑色	2 300 ~ 2 500	0.45	○	◎	○	○	切削工具、模具、装饰品
Al$_2$O$_3$	透明 ~ 灰色	2 200 ~ 2 400	0.15	○	◎	○	○	绝缘膜、功能膜
DLC	灰色 ~ 黑色	3 000 ~ 5 000	0.10	○	○	○	◎	切削工具、功能膜、模具

注：◎ 没有腐蚀　△ 局部腐蚀　○ 程度较深的局部腐蚀

1. 真空蒸镀

在高真空中使金属、合金或化合物蒸发，然后凝聚在基体表面上的方法叫做真空蒸镀，如图 5-14 所示。

被沉积材料（如 TiC）置于装有加热系统的坩埚中，被镀基体置于蒸发源前面。当真空度达到 0.13 Pa 时，加热坩埚使材料蒸发，所产生的蒸气以凝集形式沉积在物体上形成涂层。

基板入槽前要进行充分的清洗，在蒸镀时，一般在基板背面设置一个加热器，使基板保持适当温度，使镀层和基层之间形成薄的扩散层，以增大结合力。

蒸发用热源主要分三类，包括电阻加热源、电子束加热源、高频感应加热源。

最近还采用了激光蒸馏法、离子蒸馏法。

蒸馏过程：

（1）首先对真空装置及被镀模具进行处理，去掉污物、灰尘、油渍等。

（2）把清洗过的模具装入镀槽的支架上。

（3）补足蒸发物质。

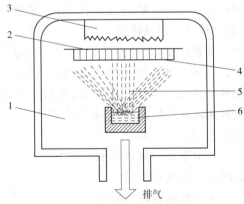

图 5-14　真空蒸镀示意图

1—高真空槽；2—基板；3—加热器；
4—膜面；5—蒸气流；6—蒸发源

（4）抽真空，先用回转泵抽至 13.3 Pa，再用扩散泵抽取 133×10^{-6} Pa。

（5）在高真空下对模具加热，加热的目的是去除水分（150～200 ℃）和增加结合力（300～400 ℃）。

（6）对蒸镀通电加热，达到厚度后停电。

（7）停镀后，需在真空条件下放置 15～30 min，使之冷却到 100 ℃ 左右。

（8）关闭真空阀，导入空气，取出模具。

2. 阴极溅射

阴极溅射即用荷能粒子轰击某一靶材（阴极），使靶材表面原子以一定能量逸出，然后在表面沉积的过程。

溅射过程：用沉积的材料（如 TiC）作阴极靶，并接入 1～3 kV 的直流负高压，在真空室内通入压力为 0.133～13.3 Pa 的氩气（作为工作气体）。在电场的作用下，氩气电离后产生的氩离子轰击阴极靶面，溅射出的靶材原子或分子以一定的速度在工件表面产生沉积，并使工件受热。溅射时工件的温度可达 500 ℃ 左右。图 5-15 为阴极溅射系统示意图。

当接通高压电源时，阴极发出的电子在电场的作用下会跑向阳极，速度在电场中不断增加。刚离开阴极的电子能量很低，不足以引起气体原子的变化，所以附近为暗区。在稍远的位置，当电子的能力足以使气体原子激发时就产生辉光，形成阴极辉光区。越过这一区域，电子能量进一步增加，就会引起气体原子电离，从而产生大量的离子与低速电子，此过程不发光，这一区域为阴极暗区。低速电子在此后向阳极的运动过程中，也会被加速激发气体原子而发光，形成负辉光区。在

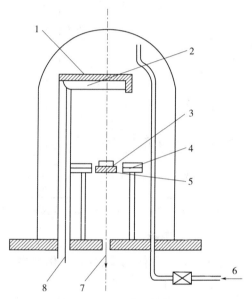

图 5-15　阴极溅射系统示意图
1—阴极屏蔽；2—阴极（靶）；3—工件；
4—阳极；5—固定装置；6—气体入口；
7—抽真空；8—高压线

负辉光区和阳极之间，还有几个阴暗相间的区域，但它们与溅射离子产生的关系不大，只起导电作用。

溅射下来的材料原子具有 10～35 eV 的功能，比蒸馏时的原子动能大得多，因而溅射膜的结合力也比蒸镀膜大。

溅射性能取决于所用的气体、离子的能量及轰击所用的材料等。离子轰击所产生的投射作用可用于任何类型的材料，难熔材料 W、Ta、C、Mo、WC、TiC、TiN 也能像低熔点材料一样容易被沉积。溅出的合金组织常常与靶的成分相当。

溅射的工艺很多，如果按电极的构造及其配置方法进行分类，代表性的有二级溅射、三级溅射、磁控溅射、对置溅射、离子束溅射、吸收溅射等。常用的是磁控溅射，目前已开发多种磁控溅射装置。

常用的磁控高速溅射方法的工作原理：用氩气作为工作气体，充氩气后反应室内压力为

2.6 ~ 1.3 Pa，以欲沉积的金属和化合物为靶（如 Ti、TiC、TiN），在靶附近设置与靶平面平行的磁场，另在靶和工件之间设置阳极以防工件过热。磁场导致靶附近等离子密度（亦即金属离化率）提高，从而提高溅射与沉积速率。

磁控溅射效率高，成膜速度快（可达 2 μm/min），而且基板温度低。因此，此法适应性广，可沉积纯金属、合金或化合物。例如以钛为靶，引入氮或碳氢化合物气体可分别沉积 TiN、TiC 等。

3. 离子镀膜

离子镀膜技术是美国的 Sandia 公司的 D. M. Mattox 于 1963 年首先提出的。离子镀膜是在真空条件下，利用气体放电使气体或蒸发物质离子化，在气体离子或被蒸发物质离子轰击作用的同时，把蒸发物或其反应物蒸镀在基片上。离子镀膜把辉光放电、等离子体技术与真空蒸发镀膜技术结合在一起，不仅明显地提高了镀层的各种性能，而且大大地扩展了镀膜技术的应用范围。

1）离子镀膜原理

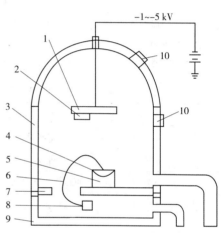

图 5-16 为离子镀膜装置示意图（以镀钛为例）。借助一种惰性气体的辉光放电使金属或合金蒸气离子化。离子经电场加速而沉积在带负电荷的基体上。惰性气体一般采用氩气，压力为 133×10^{-3} ~ 133×10^{-2} Pa，两极电压在 500 ~ 2 000 V 之间。离子镀包括镀膜材料（如 TiC、TiN）的受热、蒸发、沉积过程。蒸发的镀膜材料原子在经过辉光区时，一小部分发生电离，并在电场的作用下飞向工件，以几千电子伏的能量射到工件表面，可以打入基体约几纳米的深度，从而大大提高了涂层的结合力，而未经电离的蒸发材料原子直接在工件上沉积成膜。惰性气体离子与镀膜材料离子在基片表面上发生的溅射，还可以清除工件表面的污染物，从而改善结合力。

图 5-16 离子镀膜装置示意图

1—工件；2—热电偶；3—上腔；4—钛锭；
5—坩埚；6—电子束；7—差压板；
8—电子枪；9—下腔；10—观察孔

2）离子镀膜特点

（1）离子镀膜可在较低温度下进行。一般化学热处理和化学气相沉积均需在 900 ℃ 以上进行，所以处理后要考虑晶粒细化和变形问题，而离子镀膜可在 600 ℃ 下进行，可作为成品件的最终处理工序。

（2）膜层的附着力强。如在不锈钢上镀制 20 ~ 50 μm 厚的银膜，可达到 300 N/mm^2 的黏附强度。主要原因是离子轰击时基片产生溅射，使表面杂质层清除和吸附层解吸，使基片表面清洁，提高了膜层的附着力；溅射使膜离子向基片注入和扩散，膜晶格中结合不牢的原子将被再溅射，只有结合牢固的粒子保留成膜；轰击离子的动能转变为热能，对蒸镀表面产生了自动加热效应，提高表层组织的结晶性能，促进了化学反应，而离子轰击产生的晶体缺陷与自加热效应的共同作用，增强了扩散作用；飞散在空间的基片原子有一部分再返回基片表面与蒸发材料原子混合和离子注入基片表面，促进混合界面的形成。

（3）绕镀能力强。首先，蒸发物质由于在等离子区被电离为正离子，这些正离子随电场的电力线运动而终止在带负电基片的所有表面,因而在基片的正面、反面甚至基片的内孔、凹槽、狭缝等能沉积上薄膜。其次,由于气体的散射效应,特别是在工件压强较高时,沉积材料的蒸发离子和蒸发分子在它到达基片的路径上将与残余气体发生多次碰撞,使沉积材料散射到基片周围,因而基片所有表面均能被镀覆。

(4)沉积速度快,镀层质量好。离子镀获得的镀层,组织致密,气孔、气泡少。而且镀前对工件清洗处理较简单,成膜速度快,可达 1 ~ 50 μm/min,而溅射只有 0.01 ~ 1 μm/min。离子镀可镀制厚度达 30 μm 的膜层,是制备厚膜的重要手段。

(5)工件材料和镀膜材料选择性广。工件材料除金属以外,陶瓷、玻璃、塑料均可以,镀膜材料可以是金属和合金,也可以是碳化物、氧化物和玻璃等,并可进行多元素多层镀覆。

总之,采用 PVD 技术可以在各种材料上沉积致密、光滑、高精度的化合物(如 TiC、TiN)镀层,所以十分适合模具的表面强化处理。目前,应用 PVD 法沉积 TiC、TiN 等镀层已在模具生产中获得广泛应用。例如 Cr12MoV 钢制油开关精制冲模,经 PVD 法沉积后,表面硬度为 2 500 ~ 3 000 HV,摩擦因数减小,抗黏着和抗咬合性改善,模具原使用 1 ~ 3 万次即要刃磨,经 PVD 法处理后,使用 10 万次不需要刃磨,尺寸无变化。

表 5-10 所示为三种 PVD 法与 CVD 法的特性比较。

表 5-10　三种 PVD 法与 CVD 法的特性比较

项　　目	PVD　法			CVD　法
	真空蒸镀	阴极溅射	离子镀	
镀金属	可以	可以	可以	可以
镀合金	可以但工艺复杂	可以	可以但工艺复杂	可以
镀高熔点化合物	可以但工艺复杂	可以	可以但工艺复杂	可以
沉积离子的能量/eV	0.1 ~ 1	1 ~ 10	30 ~ 1 000	—
沉积速度/(μm/min)	0.1 ~ 75	0.01 ~ 2	0.1 ~ 50	较快
沉积膜的密度	较低	高	高	高
孔隙度	中	小	小	极小
基体与镀层的连接	没有合金相	没有合金相	有合金相	有合金相
结合力	差	好	最好	最好
均镀能力	不好	好	好	好
镀覆机理	真空蒸镀	辉光放电,溅射	辉光放电	气相化学反应

5.3.3　PCVD 法

PVD、CVD 技术在表面改性技术中,是研究应用较多,发展较快的。其主要优点是,CVD 处理的温度高,镀膜层有扩散作用,镀膜的黏附性好。镀膜种类也有多种,如 TiC、TiC + TiN、TiC + CNTi + NTi,可根据零件的具体要求进行选用。镀膜也较厚,达 8 μm,且由于不用等离子,靠输进的气体产生的热化学反应进行镀膜,可对洞穴和切缝等进行镀膜,有良好的涂覆性;PVD 可在 600 ℃左右的低温下进行,适用于各种材质的零件,也容易进行局部镀膜,可适用于精密塑料模具等的镀膜。但由于 CVD 和 PVD 法存在有一些较难克服的缺点,其应用,特别是在模具上,因涂覆工艺和性能不稳定,应用不广泛。其主要缺点是 CVD 法的处理温度较高,工件易变形;而 PVD 处理的温度虽较低,但镀膜的黏附性较差,对深孔和窄缝不易涂覆,不适于复杂形状和重载零件或模具的镀膜,且在批量处理时还存在难以实现控制和全自动化等问题,处理件的质量和稳定性难以保证。

近年来,日本东方工程公司,在综合分析 CVD 和 PVD 优缺点的基础上,取其所长,研制开发的等离子 CVD 法,即 PCVD 法。PCVD 法在模具的应用上取得了良好的效果,其原理图如图 5-17 所示,PCVD 设备装置简图如图 5-18 所示。

PCVD 装置的温度控制,是通过硅整流器来实现。通入炉内的是 H_2、Ar、N_2、NH_3、CH_2、C_2H_2、$TiCl_4$ 等高纯度气体,用流量计控制流入量,用计算机对镀膜工艺及镀膜成分和结构进行全自动控制,控制性良好,产品质量稳定。该装置在 300 ℃下也能合成 TiN。处理零件通过炉外带有转换器的电动机,可选择最佳的运转速度并进行摇转,达到温度和膜厚的均匀分布。

该装置用外加热器 + DC 等离子加热,即可只用等离子加热,也可与加热器并用,因此,可实现从低温(300 ℃)到高温(800 ℃)的处理;从加热、镀膜过程和冷却均实现自动化处理,镀膜工艺稳定,镀膜层黏附性好且稳定;可对大型零件进行处理;具有 99 种处理工艺,如等离子渗氮和渗碳、涂覆涂层、清洗处理等;可进行扩散硬化的复合处理。

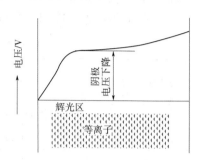

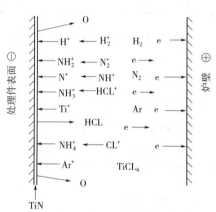

图 5-17 PCVD 原理简图

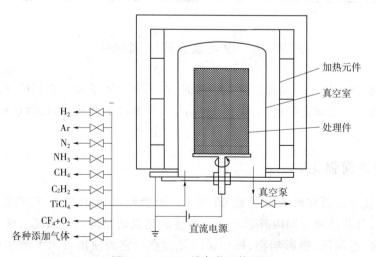

图 5-18 PCVD 设备装置简图

PCVD 法处理时,气体的压力与 PVD 相近,镀膜的速度为 1～3 μm/h,气体耗量少(是 CVD1/10),且多层镀膜可以在一道工序内完成,零件处理后的尺寸变化小;可进行批量处理,对深孔和窄缝也能进行镀膜。此外,镀膜处理和扩散处理,可同时进行。

PCVD 可分为直流法(DC)、高频率法(RE)和微波法等,图 5-18 为直流等离子法,可在被处理件的周围产生均匀的等离子,但有等离子密度不够的缺点,日本东方工程公司开发研制有提高等离子密度的新 PCVD 装置。

各种 PCVD 镀膜的性能如表 5-11 所示。

表 5-11 PCVD 各种镀膜的物理性能

物理力学性能	镀膜种类		
	TiC	TiCN	TiN
硬度/HV	2 900～3 800	2 600～3 200	1 800～2 400
密度/g·cm⁻³	4.92	5.81	5.44
热膨胀系数/10⁻⁶℃	7.6	8.1	9.3

模具经 PCVD 法镀膜后,可数倍、数十倍地提高使用寿命,如表 5-12 所示。

表 5-12 PCVD 的应用效果

模具名称	模具材料	应用效果
挤光圆模具(镜面)	HPM38-STAVAXELMAX	原模具 1 000 次 PCVD 法处理的为 50 000 次以上
冷冲孔冲头(被冲材料为 S12C,厚 3.1 mm)	SKH51	无涂层:20 000 次以下 PCVD:330 000 冲次以上
冷压成形下模(被加工材料为 SUS304,厚 1.6 mm)	SKD11	经 TD 法处理的为 20 000～30 000 个,PCVD 法处理的为 120 000

5.4 模具表面高能束强化

高能束表面强化技术的热源通常是指激光、电子束和离子束。它们的共同特点是加热速度快,加热面积可根据需要选择,工件变形小,不需要冷却介质,可控性能好,便于实现自动化处理。

5.4.1 激光表面强化

激光加工技术的研究始于 20 世纪 60 年代。20 世纪 80 年代以来,激光表面强化技术得到了迅猛发展,目前已成为国内外激光表面改性的热点研究问题。激光表面强化技术具有质量高、效率高、能耗低、热影响小、操作灵活等特点。它的使用可大大增加模具的使用寿命,节约了大量钢材,提高模具生产效率。

利用高功率、高密度激光束(一般为 $10^4 \sim 10^5$ W/cm^2)对金属进行表面处理的方法称为激光表面处理。激光表面处理的方法很多,如激光相变硬化、激光表面熔凝处理、激光表面涂覆及合金化、激光表面化学气相沉积、激光物理气相沉积、激光冲击硬化和激光非晶化等。激光作为一种精密可控的高能量密度的热源,对金属表面可进行多种强化处理。其中已被研究用于提高模具寿命的方法有激光相变硬化、激光表面涂覆及合金化等。

激光热处理为高速加热、高速冷却,获得的组织细密、硬度高、耐磨性能好,淬火部位可获得大于 3 920 MPa 的残余应力,有助于提高疲劳性能。激光热处理可以进行局部选择性淬火,通过对光斑尺寸的控制,尤其适合其他热处理方法无法处理的不通孔、沉沟、微区、夹角、圆角和刀具刃部等局部区域的硬化。激光可以远距离传送,容易实现一台激光器供若干工作台同时或单独使用,易于采用计算机对激光热处理工艺过程进行控制和管理,实现生产过程的自动化。此外激光热处理具有耗电低、变形极小、不需冷却介质、速度快、效率高及无工业污染等优点。

激光热处理一般采用功率为千瓦级的连续工作 CO_2 激光,通常的激光热处理实验装置如图 5-19 所示。激光热处理的关键设备是激光器,目前工业中应用最多的是 500 W 级纵向直流放电 CO_2 激光器,其性能如下:额定输出功率为 $200 \sim 800$ W,光束直径 $\phi 4$ mm,发散角小于 2 mrad。

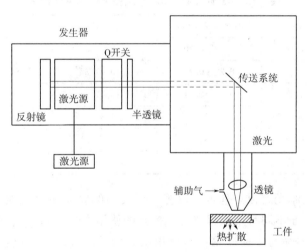

图 5-19　激光热处理实验装置图

通常金属试件比较光亮对激光能量的反射率极高,因而大多数试件在激光表面处理前都需要进行表面预处理(又称黑化处理)以提高对激光能量的吸收率,增强处理效果。目前,常用的表面预处理方法有磷化法、黑色涂料法、电镀法等。其中磷化法在处理低碳钢、中碳钢及各种铸铁中取得了较好的效果,所形成的磷化膜不仅大大提高了对激光能量的吸收率而且该膜对试件表面有防腐蚀及减摩作用。但对不锈钢由于磷化处理困难,该方法不适用。黑色涂料法虽然方便,但激光处理时会燃烧产生烟雾且造成表面增碳,这对某些低碳奥氏体不锈钢是有害的。

利用激光照射事先经过黑化处理的工件表面,使表面薄层快速加热到相变温度以上(低于熔点),光束移开后通过自激冷却即可实现表面淬火硬化。用于激光表面淬火的功率密度为 $10^3 \sim 10^5 \text{ W/cm}^2$。由于加热工件表面温度及穿透深度均与激光照射持续时间的平方根成正比,因此当激光束功率及光斑尺寸确定后,通过改变激光束的扫描速率,就可以控制工件表面温度与加热层深度。

激光淬火的基本工艺参数包括激光器的输出功率、光斑尺寸、扫面速度(或工件移动速度)以及材料对光的吸收率等。

激光淬火钢件表层可获得极细的马氏体,合金钢硬化区组织为极细板条或针状马氏体、未溶碳化物及少量残留奥氏体,激光硬化区与基体交界区呈现复杂的多相组织。

激光表面淬火与高频及火焰表面加热淬火相比较,前者受热及冷却区域极小,因而畸变极小、残余应力小,且由于无氧化脱碳作用,淬火表面更加光亮洁净,从而可以在最终精加工工序以后进行。利用激光表面加热淬火可改善模具表面硬度、耐磨性、热稳定性、抗疲劳性和临界断裂韧度等力学性能,是提高模具寿命的有效途径之一。例如 GCr15 钢制轴承保持架冲孔用的冲孔凹模,经常规处理后的使用寿命为 1.12 万次,经激光处理后的寿命达 2.8 万次。GCr15 钢制挤压孔边用的压坡模,经激光处理后,可连续冲压 6 000 件,而按常规热处理工艺处理后,最高使用寿命为 3 000 件。表 5-13 所示为 45 钢和 42CrMo 钢激光加热表面淬火的效果。

表 5-13　45 钢和 42CrMo 钢激光表面淬火的效果

钢　号	黑化处理	淬硬层深度/mm	淬硬带深度/mm	硬度/HV	淬硬层组织
45	发蓝处理	0.19 ~ 0.20	1.08 ~ 1.10	542	细针状马氏体
	磷化	0.22 ~ 0.27	1.10 ~ 1.23	542	细针状马氏体
	涂磷酸盐	0.25 ~ 0.31	1.18 ~ 1.35	585	细针状马氏体
42CrMo	发蓝处理	0.35	1.30	642	隐针马氏体
	磷化	0.35	1.53	642	隐针马氏体
	涂磷酸盐	0.35	1.64	642	隐针马氏体

在模具上的应用激光熔覆处理可以改善工模具钢的表面硬度、耐磨性、耐硬性、高温硬度、抗疲劳等性能,从而不同程度上提高了工模具的使用寿命。如激光熔覆高温耐磨涂层在轧钢机导向板上,其寿命与普通碳钢导向板相比提高了 4 倍以上,与整体 4Cr5MoV1Si 导向板相比轧钢能力提高一倍以上,减少了停机时间,提高了产品的产量和质量,降低了生产成本等。

5.4.2　电子束表面强化

电子束表面强化是利用高能量密度的电子束加热进行表面淬火的新技术。电子束加热可以达到 $10^6 \sim 10^8 \text{ W/cm}^2$ 的能量密度。图 5-20 为电子束表面加热淬火装置示意图。利用电子束亦可实现相变硬化、熔化、凝固和表面合金化。电子束是由阴极(灯丝)发出的电子,通过高电压环形阳极加速,并聚焦成束使电子束流打击金属表面,达到加热的效果。

由于高能量密度的电子束是在极短的时间内打击金属表面,所以,使热量在表面逸散的表面温度,就可以达到相变温度范围。当被加热表面吸收的热量很快地被底层材料吸收而冷却时,就可以完成淬火冷却过程,从而产生有效的自行淬火。

与激光热处理相比,电子束热处理的缺点是模具必须放在真空室内,装卸不方便。但是电子束热处理的加热效率比激光高,不需要激光热处理的"表面黑化"过程,凡激光能对准的表面都可以利用电子束加热,电子束的快速加热,使零件变形极小,无需后续的校正工作,淬火后的金相组织可获得细晶结构。表 5-14 所示为 42CrMo 钢电子束表面淬火的效果。

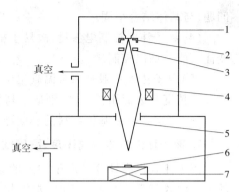

图 5-20　电子束表面加热淬火装置示意图
1—阴极;2—聚束极;3—阳极;4—聚焦丝圈;
5—电子束;6—工件;7—工件驱动机构

表 5-14　42CrMo 钢电子束表面淬火的效果

编号	加速电压/ mA	束流/ mA	聚焦电流/ mA	电子束 功率/kV	淬火带宽度/ mm	淬硬层深度/ mm	淬硬层硬度/ HV	淬硬层 组织
1	60	15	500	0.90	2.4	0.35	627	5~6 级针状马氏体
2	60	16	500	0.96	2.5	0.35	690	隐针马氏体
3	60	18	500	1.08	2.9	0.45	657	隐针马氏体
4	60	20	500	1.20	3.0	0.48	690	5~6 级针状马氏体
5	60	25	500	1.50	3.6	0.80	642	4 级针状马氏体
6	60	30	500	1.80	5.0	1.55	606	2 级针状马氏体

5.4.3　离子注入合金化

离子注入是 20 世纪 70 年代逐渐发展起来的一种新的表面改性方法。它是把工件(金属、合金、陶瓷等)放在离子注入机的真空靶室内,在几十至几百千伏的电压下,把所需元素的离子注入工件表面的一种工艺。实践证明,离子注入能使金属和合金的摩擦因数、耐磨性、抗氧化性、抗腐蚀性、耐疲劳性以及某些材料的超导性能、催化性能、光学性能等发生显著变化。目前,离子注入已在改善工业零件的抗蚀、耐磨等性能方面得到应用。

1. 离子注入技术的主要特点

离子注入技术与气相沉积、等离子喷涂、电子束和激光束热处理等表面处理工艺不同,其主要特点如下:

(1)离子注入是一个非平衡过程,注入离子能量很高,可以高出热平衡能量的 2~3 个数量级。因此,原则上讲,元素周期表上的任何元素,都可注入任何基体材料。

(2)注入元素的种类、能量、剂量均可选择,用这种方法形成的表面合金,不受扩散和溶解度的经典热力学参数的限制,可得到用其他方法得不到的新合金相。

(3)离子注入层相对于基体材料没有边缘清晰的界面,因此表面不存在黏附破裂或剥落问题,与基体结合牢固。

(4)离子注入控制电参量,故易于精确控制注入离子的密度分布,浓度分布可以通过改变注入能量加以控制。

(5)离子注入一般是在常温真空中进行,加工后的工件表面无变形、无氧化,能保持原有的尺寸精度和表面粗糙度,特别适于高精密部件的最后工序。

(6)可选择改变基体材料的表面能量,并在表面内形成压应力。

2. 离子注入技术提高硬度、耐磨性和疲劳强度的机理

离子注入提高硬度是由于注入的原子进入位错附近或形成固溶体产生固溶强化的缘故。当注入的是非金属元素时,常常与金属元素形成化合物,如氮化物、碳化物或硼化物的弥散相,产生弥散强化。离子轰击造成的表面压应力也有冷作硬化作用,这些都使得离子注入表面硬度显著提高。

离子注入提高耐磨性的原因是多方面的。一种观点认为离子注入能引起表面层组分与结构的改变。大量的注入离子以杂质形态聚集在因离子轰击产生的位错线周围,形成柯氏气团,起钉扎位错的作用,使表面强化,加上高硬度弥散析出物引起的强化,提高了表面硬度,从而提高耐磨性。另一种观点认为耐磨性的提高主要是因为离子注入引起摩擦因数的降低;还认为可能与磨损粒子的润滑作用有关,因为离子注入表面磨损的碎片比没有注入的表面磨损碎片更细,接近等轴,而不是片状的,因而改善了润滑性能。

离子注入改善疲劳性能是因为产生的高损伤缺陷阻止了位错移动及其间的凝聚,形成可塑性表面层,使表面强度大大提高。分析表面,离子注入后在近表面层形成大量细小弥散均匀分布的第二相硬质点而产生强化,而且离子注入产生的表面压应力可以压制表面裂缝的产生,从而延长了疲劳寿命。

3. 离子注入技术在模具工业中的应用

由于离子注入后既不改变模具基体表面的几何尺寸,又能形成与基体材料完全结合的表面合金,不存在由明显的分界面而产生剥落的问题,同时由于大量离子(如氮、碳、硼、钼等)的注入可使模具基体表面产生明显的硬化效果,大大降低了摩擦因数,显著提高了模具表面的耐磨性、耐腐蚀性以及抗疲劳等多种性能,因此,近年来离子注入技术在模具领域中,如冲裁模、拉丝模、拉深模、塑料模等方面得到了广泛应用,其平均寿命可提高 2~10 倍。表 5-15 所示为离子注入技术在模具中的使用效果。

表 5-15　模具行业中离子注入技术的使用效果

模 具 名 称	被加工材料	注 入 离 子	使 用 寿 命
钢拉丝模	WC-6% Co	N、C	提高 4~6 倍
环形冲压模	工具钢	N	提高 10 倍
塑料挤压模	P20	N	提高 2~3 倍
钢拉丝模	WC-6% Co	N	提高 6 倍
注射模	WC-6% Co	N	提高 5~8 倍
凹槽模	WC-6% Co	N	提高 18 倍

目前离子注入技术的缺点是设备昂贵、成本高,离子注入层较薄,不能用来处理具有复杂凹腔表面的零件,并且离子注入零件要在真空室中处理,受到真空室尺寸的限制。

5.5　模具表面其他强化技术

5.5.1　火焰加热表面淬火

火焰加热表面淬火是利用乙炔火焰直接加热模具工件表面的方法。火焰加热表面淬火如图 5-21 所示,其过程为通过喷嘴将火焰(通常用氧-乙炔)喷射到工件表面,将工件迅速加热到淬火温度,然后在规定的冷却介质中冷却到室温的热处理工艺。淬硬层深度一般为 2～8 mm。

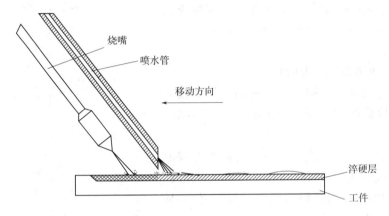

图 5-21　火焰加热表面淬火示意图

火焰加热表面淬火的特点是设备简单、成本低、灵活性大,但淬火质量不易控制,若能改用机械化、自动化程度高的方法,则淬火质量更能保证并进一步提高。火焰加热表面淬火主要用于大型模具零件和小批量、多品种模具零件的热处理。如汽车车身覆盖件大型拉深模、大型塑料模、大型冲模等模具零件的刃口,此类零件利用火焰表面淬火有其独特的优点且能降低生产成本。

我国自行研制的 7CrSiMnMoV(CH-1)火焰淬火冷作模具钢,可用于模具刃口部位淬火,经氧－乙炔火焰加热到淬火温度,然后空冷即达到淬硬目的,使模具生产制造周期缩短近 10%,价格降低 10%～20%,热处理后节省能源 80% 左右,为模具零件火焰加热表面淬火开辟了新的途径。

模具火焰加热淬火后能获得的最高硬度,决定于钢的含碳量及淬火温度和冷却速度等因素。火焰淬火如果是手工操作,则是一种技巧性很强的操作,必须配备合适的工具。冷作模具钢如 CrWMn、Cr12MoV 钢均可进行火焰加热淬火且不导致裂纹。球墨铸铁、合金铸铁也可进行火焰加热淬火。

火焰淬火加热时应注意防止过热,避免氧化和晶粒粗大化。淬火后建议在 180～200 ℃回火。大型模具零件不便回火,可利用火焰局部加热或自回火。

5.5.2 高频感应加热表面淬火

高频感应加热表面淬火法是将模具工件放在由空心铜管绕制的感应器中,然后向感应器通入一定频率的交流电,以产生交变磁场,使工件内产生频率相同的感应电流,使工件表面加热到淬火温度,而心部温度仍接近于室温,随后喷冷却介质或把加热后的工件放入冷却介质中快速冷却,就能达到模具表面加热淬火的目的。

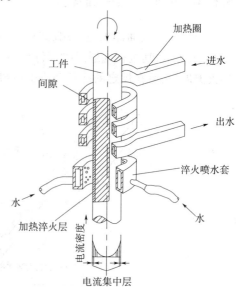

高频感应加热表面淬火示意图如图 5-22 所示。常用的电流频率范围为 250 ~ 300 Hz,一般淬硬层深度为 0.5 ~ 2 mm。高频感应加热表面淬火对模具的原始组织有一定要求,应预正火或调质处理,以使模具基体有较好的综合力学性能。高频感应加热表面淬火后的模具需进行低温回火,以降低淬火产生的内应力。

高频感应加热表面淬火的特点:

(1)加热速度快,过热度大,淬火后组织为细的隐晶马氏体,因此硬度比普通淬火提高 2 ~ 3 HRC,且脆性较低。

(2)由于淬火时马氏体体积膨胀,在工件表面造成较大的残余压应力,因此具有较高的疲劳强度。

(3)由于加热速度快,没有保温时间,工件不易氧化和脱碳,因此工件变形小,表面质量好。

图 5-22 高频感应加热表面淬火示意图

(4)由于加热温度和淬硬层深度容易控制,便于实现机械化和自动化。

由于以上特点使高频感应加热表面淬火成为我国机械行业中较普遍应用的表面淬火方法,其缺点是设备较贵,对于形状复杂零件的表面处理比较困难。

5.5.3 喷丸表面强化

喷丸处理是一种表面强化技术。喷丸强化是利用大量钢丸(弹丸的直径一般为 0.3 ~ 1.7 mm)高速打击已成形并热处理后的模具表面,使表面产生冷硬层和残余压应力,可以显著提高模具的疲劳强度,同时可减少模具表面缺陷(如污物及脱碳),从而提高模具的使用寿命。

对一些模具(如 3Cr2W8V 钢制热作模具)进行喷丸处理后的使用情况表明,喷丸强化有如下的特点:

(1)由于喷丸在金属表面产生残余压应力和晶格畸变,喷丸强化能明显地减缓疲劳裂纹的萌生期或抑制其扩展速度。

(2)喷丸过程,金属表面的塑性变形和残余应力状态变化及重新分布,给残留奥氏体的转变提供了有利条件,残留奥氏体转变为马氏体,提高了模具表面硬度和抗冲击磨损能力,进而提高模具表层的屈服强度,可以延缓疲劳裂纹萌生期,提高模具的疲劳强度。

（3）模具喷丸后，由于圆形弹丸的高速反复锤击，削平了刀痕，改善了磨削加工和电加工的表面粗糙度 0.5～1 级，在一定程度上提高了疲劳强度。

3Cr2W8V 钢制活动扳手热锻模，经常规处理后，一次刃磨的使用寿命为 1 750 件左右，经喷丸处理后，使用寿命为 2 634 件，寿命提高 50%。Cr12 钢制洗衣机定转子落料冲裁模，经淬火、回火后，一次刃磨的使用寿命为 1.2～3.2 万次，经喷丸强化后，一次刃磨的使用寿命为 11.49 万次，寿命提高 2.5～9.5 倍。

5.5.4 电火花表面涂敷强化

电火花涂敷（Electro Spark Deposition）是一种低应力、低变形的表面强化工艺。其实质就是利用材料的电蚀现象，通过脉冲放电致使电极材料蚀除，并向工件表面大量迁移，最终在工件表面形成一层成分、组织及性能都异于工件基体的新合金层的过程。

1. 电火花涂敷原理

电火花涂敷工作原理是利用脉冲电路的充放电原理，采用导电材料（硬质合金，石墨等）作为工作电极（阳极），在空气或特殊的保护气体中使之与被强化的金属工件（阴极）之间产生高频脉冲放电，在 10^{-5}～10^{-6} s 内电极与工件接触的部位达到 8 000～25 000 ℃ 的高温，直接利用火花放电的能量，将熔化的电极材料熔渗至工件表面，形成具有冶金特性的强化层，从而使工件的物理、化学和力学性能得到改善，提高零件的硬度、耐磨性、耐蚀性等表面性能。电火花沉积工作示意图如图 5-23 所示。

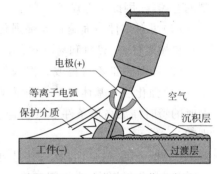

图 5-23 电火花沉积工作示意图

2. 电火花涂敷强化过程

电火花放电过程是在极短的时间内完成的，它包括三个阶段。

1）高温高压下的物理化学冶金过程

电火花放电所产生的高温使电极材料和工件表面的基体材料局部熔化，气体受热膨胀产生的压力以及稍后电极机械冲击力的作用，使电极材料与基体材料熔合并发生物理和化学的相互作用以及电离气体元素如氮、氧等的作用，使基体表面产生特殊的新合金。

2）高温扩散过程

扩散过程既发生在熔化区内，也发生在液-固相界面上。由于扩散时间较短，液相元素向固相基体的扩散是有限的，扩散层很浅。但这一新合金与基体有较好的冶金结合，这是电火花表面强化具有实用价值的重要因素之一。

3）快速相变过程

由于热影响区的急剧升温及快速冷却，使模具钢基体熔化区附近部位经历了一次奥氏体和马氏体转变，晶粒细化、硬度提高，并产生残余压应力，对提高疲劳强度有利。

电火花表面强化过程中发生了物理化学变化，主要包括超高速淬火、渗碳、渗氮、电极材料的转移等。

（1）超高速淬火。电火花放在模具表面的极小面积上产生高温，使该处的金属熔化和部分气化,当火花放电在极短的时间内停止后,被加热了的金属会以很快的速度冷却下来。这相当于对模具表面层进行了超速淬火。

(2)渗氮。在电火花放电通道区域内,温度很高,空气中的氮分子呈原子状态,它和受高温而熔化的金属有关元素合成高硬度的金属氮化物,如氮化铁、氮化铬等。

(3)渗碳。来自石墨电极或周围介质的碳元素,熔解在受热而熔化的铁中,形成金属的碳化物,如碳化铁、碳化铬等。

(4)电极材料的转移。在操作压力和火花放电的条件下,电极材料转移到模具金属熔融表面,有关金属合金元素(W、Ti、Cr 等)迅速扩散在金属的表面层。

3. 电火花表面强化特点及强化层特征

1)电火花强化的优点

电火花表面强化与常规化学热处理、高能束表面强化、喷涂等表面强化工艺相比,电火花表面强化具有如下优点:

(1)电火花强化是在空气中进行,不需要特殊、复杂的处理装置和设施,如真空系统或特制的容器等,因此工艺设备简单。

(2)可对零件表面施行局部强化,也可对一般几何形状的平面或曲面强化,比如刀具、模具和机械零件,对刃口和易磨损部位进行强化处理,就能达到提高硬度和耐磨性的目的。

(3)模具内部不升温或升温很低,无组织和性能变化,不会使工件退火或热变形。

(4)强化层与基体的结合非常牢固,不会发生剥落。因为强化层是电极和工件材料在放电时的瞬时高温高压条件下重新合金化而形成的新合金层,而不是电极材料简单的涂覆和堆积。

(5)低能耗,材料消耗小,并且电极材料可以根据用途自由选择。

(6)强化层厚度、表面粗糙度与脉冲电源的电压、电容量等电气参数以及强化时间等操作因素有关,因此可通过对电气量的调节和强化时间的控制来获得不同的工艺效果。

(7)操作方法简单,容易掌握。

2)目前电火花强化还存在的缺点

(1)表面强化层较浅,一般深度为 0.02 ~ 0.5 mm。

(2)表面粗糙度值不可能很低,一般为 1.25 ~ 5 μm。

(3)小孔、窄沟槽很难处理。

(4)只能作单件处理。表面强化层的均匀性、连续性较差。

(5)手工操作速度较慢,一般生产率为 0.2 ~ 0.3 cm^2/min。

4. 自动化电火花沉积机床

为了改善电火花表面强化沉积的上述缺点,开发自动化电火花沉积装置。图 5-24 为自动化电火花沉积装置示意图。

自动化电火花沉积装置主要包括电火花沉积堆焊系统、机台控制系统、机台运动机构、密闭气体保护装置等。自动化电火花沉积装置的技术优点如下:

(1)自动化机床机台采用伺服电机和 PLC 进行控制,并且平台精度为 μ 级,可以保证电火花沉积过程中电极的行进速度可控,涂层表面质量高,涂层稳定性和可重复性好。

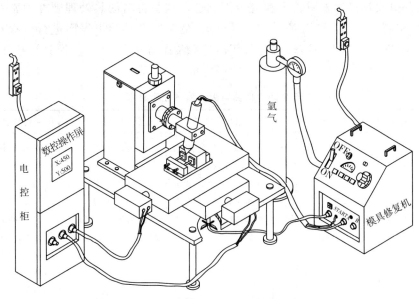

图 5-24　自动化电火花沉积装置示意图

（2）由于在电火花放电熔化材料涂覆在工件表面过程中,涂覆在工件表面的材料容易发生氧化现象。因此自动化机床配有密闭容积罩用于气体保护系统,其采用气体输送管通过喷枪头向工件喷氮气以防止工件表面被氧化,并且采用密闭容器罩罩在工件及执行系统的上面,罩内挤出氧气后储存氮(氩)气用来保护工件表面不被氧化,从而提高工件表面的质量。

（3）由于电火花喷涂工作时电火花喷枪对于工件表面的角度会影响工件表面的质量,自动化沉积机床上配有电火花喷枪角度精密调节装置,此装置由旋转配合法兰盘控制喷枪对于工件表面的角度,从而保证了涂层的均匀性,显著提高了工作效率,也保证了工件表面的质量。

（4）电火花沉积过程中对于一些表面质量要求较高的工件,可以采用小型锉刀或小型铣刀来替换电极,并关闭火花放电器,就可实现表面加工。另外针对平面、外圆等不同形状尺寸的工件,自动化机床配有各类夹具装置。

（5）由于电火花沉积时电极与工件表面接触力对涂覆质量有影响,为此在机床上安装了力传感系统,通过接触力的测量来控制涂层表面质量。

5. 电火花表面强化应用实例

实践证明,电火花涂敷具有良好的效果。5CrMnMo 钢经电火花涂敷后,其耐磨性优于氮碳共渗、离子渗氮和碳氮硼三元共渗。用 YG8 硬质合金为电极材料对 W18Cr4V 高速钢进行电火花涂敷可获得良好的热硬性,在 600 ℃、650 ℃、700 ℃、750 ℃、800 ℃分别加热后冷却,其硬度都比常规淬火高出 10 HRC。用 YG8 或先用 Fe-Cr-Al 耐热合金为电极材料,分别对 3Cr2W8V 钢进行电火花涂敷,其抗高温氧化性均优于未经涂敷处理的。用 YG8 为电极处理 T12 钢,在质量分数为 15% 的 NaCl 水溶液中浸蚀 30 天后,其腐蚀量仅为未经电火花涂敷处理的几十分之一,可见耐蚀性显著提高。

目前大部分模具仍然采用碳钢和合金钢制造。这些材料的热处理硬度通常在 60 HRC 左右,在使用中容易磨损。采用 YG、YT 类硬质合金对模具易磨损表面进行电火花涂敷,显微硬度可达 1 100 HV 以上,且热硬性高,使模具寿命提高 0.5 ~ 2 倍。模具涂敷注意事项如表 5-16 所示。

表 5-16　模具电火花涂敷注意事项

常用电极材料	电规则选择	涂敷前准备	涂敷步骤	涂敷后处理
常用 YG8、YG6、YT15 等硬质合金;也可用 Fe-Cr-Al 合金,但表面较粗糙;不用易氧化的电极材料	第一次用大电容作粗加工,然后用小电容作精加工。强规准应该用大直径电极,弱规准可用小直径电极	模具经热处理达到硬度要求,清除模具表面的油污、氧化皮和锈斑,然后按模具要求选择工艺参数	电极与模具表面成 45° ~ 60°。先涂敷远离刃口的部分,再向刃口靠近。电极移动速度均匀缓慢,涂敷时间要合适	对要求粗糙度高的模具可作轻微研磨。进行去应力处理,去应力加热温度比通常回火温度低 30 ~ 50 ℃,回火时间约为 2 h。涂敷层未完全磨损前进行再次涂敷可延长使用寿命

1)定子双槽模的表面涂敷强化

所用模具材料为 Cr12,用模具加工的工件材料为 0.5 mm 硅钢片。涂敷部位是刃口侧面,涂敷高度 4 ~ 5 mm。涂敷规范:粗加工时电压 50 V,电容 20 μF;精加工时电压为 40 V,电容 2 μF。涂敷前,刃口部位先用丙酮洗净,稍等片刻再进行涂敷。涂敷后因涂层增厚使配合间隙减小,故设计模具时要考虑该因素。涂敷后,每刃磨一次平均使用寿命从 5 万次增加到 20 万次,使用寿命提高 3 倍。

2)冲头

模具材料为 W18Cr4V,淬火 + 回火态。使用部位尺寸为 $\phi16$ mm $\times 30$ mm。若涂敷从端部至 20 mm 处,采用 $\phi2$ mm 的 YG8 电极材料,电极与模具放电时角度取 45° ~ 60°,涂敷二次。第一次放电电容为 65 μF,涂敷 20 min;第二次电容为 5 μF,涂敷 30 min 即可。

电火花涂敷后所形成的涂敷层具有较大的拉应力,且密布显微裂纹。所以,必须用热处理方法加以消除。本例 W18Cr4V 钢电火花涂敷后的去应力退火工艺:500 ~ 520 ℃,时间为 2 h。

第6章　进口模具钢简介

6.1　美国模具钢简介

6.1.1　美国模具钢的分类及选用

美国模具钢系列和选用方案在20世纪40年代就初步形成。美国按模具使用条件将模具钢分为三大类。美国金属学会工具钢委员会列出了冷作模具钢、热作模具钢和塑料模具钢三大类。其中,冷作模具钢又分为12小类,热作模具钢分为9小类,塑料模具钢分为2小类。每小类的选材又取决于三个主要因素:尺寸大小和形状的复杂性,被加工的材料,耐久性要求或设计寿命。

1. 冷作模具钢的分类和选用

1)冷作模具钢的分类

冷作模具钢主要分为5组:W组、O组、A组、D组和S组。

(1)W组即水淬工具钢,有11个钢种,7个碳素工具钢,含碳量为0.7% ~1.3%。

(2)O组即油淬冷作模具钢(俗称油钢),有4个钢种,含碳量为0.85% ~1.55%。

(3)A组即空淬中合金冷作模具钢,有9个钢种,含碳量为0.5% ~2.25%。

(4)D组即高碳高铬冷作模具钢,有7个钢种,含碳量为0.9% ~2.5%。

(5)S组即耐冲击工具钢,有7个钢种,含碳量为0.4% ~0.6%。

用于冷作模具的还有高速钢(HSS组)和超高速钢(SHSS组)、钴基硬质合金和钢结硬质合金(HA组)、粉末钢和工程陶瓷(PIM组)、碳钨工具钢(F组)和特殊用途工具钢(L组)。

2)冷作模具钢的选用

冷作模具钢的主系列是高硬冷作类钢,主要用于要求高抗压和耐磨为主的模具,硬度高于60~62 HRC。对于要求耐冲击、韧性高的模具,硬度低于60~62 HRC,主要用S类和部分A类和最普通的调质钢、弹簧钢、热作模具或基体钢。对于大型冲压模,如汽车外形冲压件,主要用铸铁类;简易或寿命数量少的用锌基合金或高分子复合材料。

(1)高速钢和超高速钢在冷作模具中的应用迅速增长,主要是有高的"抗压强度/硬度"比值,且硬度可在60~70 HRC之间选择。

(2)粉末模具钢有优良的耐磨寿命。硬度不大于60~62 HRC,应用相当多。

(3)碳素工具钢在寿命10万件的冲头或软材料冲压模仍有一定的应用范围。

2. 热作模具钢的分类与选用

1)热作模具钢的分类

美国热作模具钢分两大类:热作模具钢和超级热强合金。

2)热作模具钢的选用

热作模具由于在有温度的条件下工作,要求材料具有热强性和热耐磨性。为了保证模具的使用寿命模具要冷却,热冷交替模具会出现龟裂,即热疲劳裂纹,所以材料又要求有抗裂纹能力和抗热疲劳性能。

按热强性排列的主系列进行选材:低合金调质模具钢(6G、6F2、6F3)→中铬热作模具钢(H11、H12、H13)→钨热作模具钢(H21、H22)。

非标准的热作模具钢:例如热镦锻模具用时效硬化型的 6H4,使用 H11、H12、H13 出现不能正常满足热耐磨性时,可以选择 6H1、6H2。

当要求模具以热作耐磨性为主时,可以选择 D2、D4→M2、M4→粉末钢。钢结硬质合金、钴基硬质合金的高温耐磨性是很高的,但其热疲劳性(即冷热抗疲劳裂纹)很差,不能在急冷急热状态下使用。

3. 塑料模具钢的分类与选用

1)塑料模具钢的分类

美国是最早在工具钢中列出塑料模具专用钢的国家,包含专用钢在内的塑料模具钢共分为 5 类。

(1)渗碳型塑料模具钢。钢号有 P1、P2、P3、P4、P5 和 P6。这类钢含碳量很低,主要用在美国早期及用挤压成形制模法,要求冷塑性好,有高的挤压性能,成形后表面渗碳淬火提高表面硬度,使用寿命长的模具。心部超低碳可使淬火时变形量最小。

(2)调质型塑料模具钢。钢号有 P20 和 P21。目前塑料模具中 P20 的用量很大,已成为主体,大多数在预硬状态时使用。

(3)中碳合金工具钢。用于热固性塑料模。钢号有 H13,而 L2 和 S7、O1 和 A2 也有应用。这一类钢的特点:基本属二次硬化钢,500~600 ℃时的热硬性好;含铬较高,耐大气腐蚀性好;淬透性极好,适用于大模块。

(4)不锈钢。用于耐腐蚀性要求高的塑料模,主要钢号有 420、414L、440 和 416。

(5)时效钢。其是经过时效处理而获得很高的使用性能。钢号有两种,一种是 P21 低碳 Ni-Al 时效钢;另一类是 18Ni 马氏体时效钢。后者用于宇航工业的无碳高纯度、高强度、高韧性的材料,用于力学性能、尺寸精度、光洁度和耐磨性都要求高的塑料模具中。

2)塑料模具钢的选用

薄壁的塑料箱体,生产批量小于 10 万件时,用 P20、P21 预硬态(250~300 HBS),腐蚀性较强时用 414L。

高寿命的普通塑料模,用 P6 或 P20,经渗碳淬火后硬度为 54~58 HRC;塑料件不太大时,可用 O1、S7;腐蚀性较强时用 420。

非高温的热固性塑料模用 P6、P20,经渗碳淬火后使用;腐蚀性较强时用 420。

高温热固性塑料模用 H13 和 S7,或渗碳钢 P4。这些钢含铬较高,有好的抗回火性和抗高温氧化性。

6.1.2　国内市场销售的美国模具钢介绍

随着我国改革开放的深入发展,外国模具钢已进入我国钢材市场并占有一定的份额,尤其是珠江三角洲和长江三角洲地区。外国模具钢的牌号有两种情况:一种是采用该国的标准钢号;一种是采用各厂家自己的牌号(企业牌号或商品牌号)。表 6-1、表 6-2、表 6-3 所示为国内市场销售的美国塑料模具钢、冷作模具钢和热作模具钢介绍。

表 6-1　国内市场销售的美国塑料模具钢介绍

牌　　号	牌　号　简　介
420SS	耐蚀塑料模具钢,美国 AISI 和 ASTM 标准钢号,属于马氏体不锈钢。对应钢号:中国 4Cr13(GB),德国 X38C13(DIN),法国 Z40C40(NF),俄罗斯 40X13(ГOCT)
440C	耐蚀塑料模具钢,美国 AISI 和 ASTM 标准钢号,属于马氏体型不锈钢。对应钢号:中国 11Cr17(GB),日本 SUS440C(JIS),俄罗斯 95X18(ГOCT)
P20	预硬化塑料模具钢,美国 AISI 和 ASTM 标准钢号,预硬化硬度一般在 30～32 HRC 范围内,适于制作形状复杂的大、中型精密塑料模具。近似钢号:中国 3Cr2Mo(GB),德国 1.230(W-Nr),法国 35CrMo8(NF)等

表 6-2　国内市场销售的美国冷作模具钢介绍

牌　　号	牌　号　简　介
A2	空淬中合金冷作模具钢,美国 AISI 和 ASTM 标准钢号。该钢为国际上广泛使用的钢种。对应钢号:中国 Cr5Mo1V(GB),德国 1.2363(W-Nr/材料号),法国 X100CrMoV5(NF),日本 SKD12(JFS)等
D2	高碳高铬型冷作模具钢,美国 AISI 和 ASTM 标准钢号。该钢为国际上广泛使用的钢种,属莱氏体钢。对应钢号:中国 Cr12Mo1V(GB),德国 1.2379(W-Nr),法国 X160CrMoV12(NF),日本 SKD11(JFS)等
D3	高碳高铬型冷作模具钢,美国 AISI 和 ASTM 标准钢号。对应钢号:中国 Cr12(GB),德国 1.2080(W-Nr),法国 X200Cr12(NF),日本 SKD1(JIS),俄罗斯 X12(ГOCT)等
L3	高碳低合金冷作模具钢,美国 AISI 和 ASTM 标准钢号。该钢淬火后硬度和耐磨性都很高,淬火变形不大,但高温塑性差,用于制作拉丝模、冷镦模等,对应钢号:中国 Gr2(GB),日本 SUJ2(JIS),德国 1.2067(W-Nr),俄罗斯 X(ГOCT)等
M2	用于冷作模具的钨钼系高速钢,美国 AISI 和 ASTM 标准钢号。该钢为国际上广泛应用的钢种。对应钢号:中国 W6Mo5Cr4V2(GB),德国 1.3343(W-Nr),日本 SKH51(JIS),俄罗斯 P6M9(ГOCT)等
M42	用作冷作模具的钨钼系含钴高速钢,美国 AISI 和 ASTM 标准钢号。该钢是一种用量很大的超硬高速钢,其硬度可达 66～70 HRC。对应钢号:中国 W2Mo9Cr4VCo8(GB),日本 SKH59(JIS),德国 1.3247(W-Nr)等
O1	油淬冷作模具钢,美国 AISI 和 ASTM 标准钢号。对应钢号:中国 MnCrWV(GB),德国 1.2510(W-Nr),法国 9MnWCrV5(NF),日本 SKS3(JIS)等
O2	油淬冷作模具钢,美国 AISI 和 ASTM 标准钢号。对应钢号:中国 9Mn2V(GB),德国 1.2842(W-Nr),法国 90MnV8(NF)等

表6-3 国内市场销售的美国热作模具钢介绍

牌　号	牌　号　简　介
H10	美国 H 系列热作模具钢的标准号（AISI/SAE,ASTM）。对应钢号：中国 4Cr3Mo3SiV（GB），德国 1.2365（W-Nr），俄罗斯 3X3MΦ（ГОСТ）等
H11	美国 H 系列热作模具钢，对应钢号：中国 4Gr5MoSiV（GB），德国 1.2343（W-Nr），法国 X38CrMoV5（NF），日本 SKD6（JIS）等
H13	美国 H 系列热作模具钢，在我国广泛应用。对应钢号：中国 4Gr5MoSiV1（GB），德国 1.2343（W-Nr），法国 X38CrMoV5（NF），日本 SKD61（JIS），俄罗斯 4X5MΦC（ГОСТ）等
H21	美国 H 系列热作模具钢，在我国广泛应用。对应钢号：3Gr2W8V（GB），德国 1.2581（W-Nr），法国 X30CrMoV9（NF），日本 SKD5（JIS），瑞典 2730（SS）等

6.2　日本模具钢介绍

表6-4、表6-5、表6-6 所示为在中国国内市场销售的日本塑料模具钢、冷作模具钢和热作模具钢介绍。

表6-4 塑料模具钢介绍

牌　号	牌　号　简　介
G-STAR	耐蚀塑料模具钢，日本大同特殊钢（株）的厂家牌号。该钢可预硬化，出厂硬度为 33 ~ 37 HRC，具有良好的耐蚀性、切削加工性，可与 S-STAR 钢组合成耐蚀塑料模具
NAK55/ NAK80	镜面塑料模具钢，日本大同特殊钢（株）的厂家牌号。这两种钢均可预硬化至硬度为 37 ~ 43 HRC，NAK55 的切削加工性能好，NAK80 具有优良的镜面抛光性能，用于制作高精度镜面塑料模具
PXZ	预硬化塑料模具钢，日本大同特殊钢（株）的厂家牌号。该钢的出厂硬度为 27 ~ 34 HRC。该钢具有良好的切削加工性能和焊补性能，用于制作大型蚀花模具及汽车保险杠、仪表面饰板、家电外壳等塑料模具
PX4/PX5	镜面塑料模具钢，日本大同特殊钢（株）的厂家牌号。该钢可预硬化至硬度为 30 ~ 33 HRC。这两种钢均为美国 P20 改良型，用于制作大型镜面塑料模具及汽车尾灯、前挡板模具、摄像机、家用电器外壳模具等
S45C/ S50C/ S55C	普通塑料模具钢。日本 JIS 标准钢号，分别近似于我国优质碳素结构钢 45、50、55，常用于模具的非重要部件，如模架等。由于模具用钢的特殊要求，对于这类钢生产工艺要求精料、精炼和真空脱气，钢的碳含量范围缩小，控制较低的硫、磷含量，例如在 YB-/T 107-1997 中将碳素塑料模具钢钢号采用 SM45、SM48、SM50、SM53 和 SM55 等，以区别于普通用途的优质碳素结构钢
S-STAR	耐蚀镜面塑料模具钢，日本大同特殊钢（株）的厂家牌号。该钢属于马氏体型不锈钢，热处理后硬度可达 53 HRC，具有高耐蚀性、高镜面抛光性、热处理变形小，用于制作耐蚀镜面精密塑料模具

表 6-5　冷作模具钢介绍

牌　号	牌 号 简 介
ACD37	中碳 Cr-Mo 系冷作模具钢,日本日立金属(株)的厂家牌号。该钢性能与该厂家 SGT 相近,用于钣金工模具
ARK1	中碳 Cr-Mo-V 系冷作模具钢,日本日立金属(株)的厂家牌号,专利产品。该钢具有高淬透性、高韧性,淬火变形小,用于板材加工模、打印模等
CRD	高碳高铬型冷作模具钢,日本日立金属(株)的厂家牌号。该钢具有较高的强度、淬透性和耐磨性。近似钢号:中国 Cr12(GB),日本 SKD1(JIS)。该钢用于制作拉伸模、大批量生产的落料模等
DC11	高耐磨空淬冷作模具钢,日本大同特殊钢(株)的厂家牌号。对应钢号:中国 Cr12Mo1V1(GB),日本 SKD11(JIS),美国 D2(AISI)等
DC53	高强韧性冷作模具钢,日本大同特殊钢(株)的厂家牌号,是对 SKD11 进行改良的新型冷作模具钢,它克服了 SKD11 高温回火硬度和韧性不足的弱点。该钢高温回火后具有高硬度、高韧性,线切割性良好,出厂退火硬度≤255 HBS,用于制作精密冷冲压模、拉伸模、冷冲裁模、冲头等
GOA	特殊冷作模具钢,日本大同特殊钢(株)的厂家牌号,是 SKS3(JIS)的改进型。该钢的淬透性高,耐磨性好,用于制作冷冲裁模、成形模、冲头等
HMD1 HMD5	火焰淬火模具钢,日本日立金属(株)的厂家牌号,专利产品,具有较高的硬度,热处理变形小,可焊接,用于钣金工模具
HPM1 HPM2T	易切削预硬化冷作模具钢,日本日立金属(株)的厂家牌号,专利产品。该钢具有良好的切削加工性和焊接性,一般使用硬度 40 HRC,用于冲压模、夹具等
SLD	通用冷作模具钢,日本日立金属(株)的厂家牌号,相当于日本 SKD11(JIS)。该钢具有高的耐磨性,淬火变形小,用于一般冷作模具、剪切机刀片、成形轧辊等
SLD8	中碳 Cr-Mo-V 系冷作模具钢,日本日立金属(株)的厂家牌号,专利产品。该钢具有高硬度,高温回火后的硬度 62～64 HRC,用于搓丝模、冷锻模等
SGT	通用冷作模具钢,日本日立金属(株)的厂家牌号,相当于日本 SKS3(JIS),用于钣金工具模
XVC5	通用冷作模具的钨钼系高速钢,日本日立金属(株)的厂家牌号,相当于日本 SKH57(JIS)。该钢具有高的耐磨性和高温强度,用于冷锻模、拉深模等
YCS3	普通冷作模具钢,日本日立金属(株)的厂家牌号,近似于日本 SKS93(JIS),常用于小批量生产的冲压模、夹具等
YK30	油淬冷作模具钢,日本大同特殊钢(株)的厂家牌号。该钢具有高韧性,良好的淬透性和耐磨性,出厂退火硬度≤217 HBS,常用于冲压模。对应钢号:日本 SKS93(JIS),美国 O2(AISI)等
YXM1	通用冷作模具的钨钼系高速钢,日本日立金属(株)的厂家牌号,相当于日本 SKH51(JIS)。该钢具有高耐磨性,高韧性,用于冷锻模、冷镦模、剪切机部件
HAP40	粉末高速钢,日本日立金属(株)的牌号,是耐磨性和韧性兼备的通用粉末高速钢。该钢适用于大量生产用冲压模、轧辊

表6-6 热作模具钢介绍

牌　号	牌　号　简　介
DAC	通用热作模具钢,日本日立金属(株)的厂家牌号,相当于日本SKD61(JIS),属于用途广泛的热作模具钢。对应钢号:中国4Cr5MoSiV1(GB),美国H13(AISI)等
DAC3	高韧性热作模具钢,日本日立金属(株)的厂家牌号,专利产品。该钢具有比DAC更好的韧性,适用于防止裂纹产生的高硬度挤压模、热冲压模等
DAC10	高强度热作模具钢,日本日立金属(株)的厂家牌号,专利产品。具有良好的耐磨性和抗热疲劳性能,适用于精密压铸模、热冲压模等
DAC40	铝挤压模具钢,日本日立金属(株)的厂家牌号,专利产品。该钢具有比DAC更好的高温强度,用于铝合金挤压模、热冲压模等
DAC45	铝合金压铸模具钢,日本日立金属(株)的厂家牌号,专利产品,用于要求高耐磨性的热冲压模,以及要求高耐腐蚀性的铝硅合金压铸模
DAC55	高强韧性热作模具钢,日本日立金属(株)的厂家牌号,专利产品,用于压铸模、热挤压模等
DBC	热作模具钢,日本日立金属(株)的厂家牌号。相当于日本SKD62(JIS),通常用于热冲压模
DH21	铝压铸模具钢,日本大同特殊钢(株)的厂家牌号。出厂退火硬度≤229 HBS,钢的抗热疲劳开裂性能好,模具使用寿命较高
DH2F	易切削预硬化模具钢,日本大同特殊钢(株)的厂家牌号,属于SKD61改良型。预硬化后硬度37～41 HRC。钢的韧性良好,用于形状复杂、精密的热作模具,如铝、锌压铸模、铝材热挤压模,用于塑料模具
DH31S	大型压铸模具钢,日本大同特殊钢(株)的厂家牌号。该钢的淬透性高,抗热疲劳开裂性和抗热溶损性均良好。出厂退火硬度≤235 HBS,用于铝、镁压铸模、铝材热挤压模,以及热剪切、热冲压模等
DH42	铜压铸模具钢,日本大同特殊钢(株)的厂家牌号。出厂退火硬度≤235 HBS,用于铜合金压铸模和热挤压模
DHA1	通用热作模具钢,日本大同特殊钢(株)的厂家牌号。钢的淬透性高,抗高温回火软化性和抗热溶损性均良好,抗热疲劳性和耐高温冲击性能优良。对应钢号:中国4Cr5MoSiV1(GB),德国1.2344(W-Nr/材料号),日本SKD61(JIS),美国HI3(AISI)等
DM	锤锻模具钢,日本日立金属(株)的厂家牌号,近似于日本SKT4(JIS),可预硬化处理,出厂退火硬度≤241 HBS
HDC	高强度热作模具钢,日本日立金属(株)的厂家牌号,近似于日本SKD5(JIS)
MDC MDC-K	兼用于冷、热模具钢的钼系高速钢,日本日立金属(株)的厂家牌号。MDC钢近似于日本SKD8(JIS);MDC-K钢为改良型,改善了韧性和高温强度
YXR3 YXR33	兼用于冷、热模具钢的钼系高速钢,日本日立金属(株)的厂家牌号,专利产品。YXR33具有比YXR3更良好的韧性
YDC	高强度热作模具钢,日本日立金属(株)的厂家牌号,近似于日本SKD4(JIS)
YEM YEM-K	热作模具钢,日本日立金属(株)的厂家牌号。YEM钢相当于日本SKD7(JIS),常用于热锻模;YEM-K钢为专利产品,是YEM的改良型,提高了高温强度和韧性

6.3 国内市场销售的其他国家模具钢

6.3.1 国内市场销售的德国模具钢介绍

表 6-7、表 6-8、表 6-9 所示为在中国国内市场销售的德国塑料模具钢、冷作模具钢和热作模具钢介绍。

表 6-7 塑料模具钢介绍

牌 号	牌 号 简 介
GS-083 GS-083 ESR GS-083 VAR	耐蚀塑料模具钢,德国蒂森克鲁伯公司的厂家牌号,属于马氏体型不锈钢,一般使用硬度为 48 ~ 50 HRC。近似钢号:中国 Cr13(GB),美国 420(AISI/SAE)。GS-083 ESR 为电渣重熔产品,GS-083 VAR 为真空电弧重熔产品
GS-083H GS-083M	GS-083H 为易切削预硬化耐腐蚀塑料磨具钢,出厂硬度为 30 ~ 35 HRC。GS-083M 为易切削预硬化耐蚀镜面塑料模具钢,出厂硬度为 32 ~ 35 HRC。以上两种钢均为德国蒂森克虏伯公司的厂家牌号
GS-128H	高级预硬化耐蚀镜面塑料模具钢,德国蒂森克鲁伯公司的厂家牌号,专利产品。出厂硬度为 38 ~ 42 HRC
GS-162	渗碳塑料模具钢,德国蒂森克鲁伯公司的厂家牌号,该钢近似于美国 P2(AISI/SAE),具有良好的抛光性能
GS-312	易切削预硬化塑料模具钢,德国蒂森克鲁伯公司的厂家牌号。该钢近似于美国 P20 + S,出厂硬度为 30 ~ 34 HRC
GS-316 GS-316ESR	预硬化耐蚀塑料模具钢,德国蒂森克鲁伯公司的厂家牌号。GS-316 近似于中国 3Cr17Mo,具有优良的耐蚀性能,出厂硬度为 28 ~ 32 HRC;GS-316ESR 为电渣重熔产品,出厂硬度为 30 ~ 34 HRC
GS-316S	易切削预硬化耐蚀塑料模具钢,德国蒂森克鲁伯公司的厂家牌号。该钢含有 0.06% 的硫,可提高切削性能,出厂硬度为 28 ~ 32 HRC
GS-318	预硬化塑料模具钢,德国蒂森克鲁伯公司的厂家牌号。该钢相当于 P20(AISI/SAE),出厂硬度为 28 ~ 32 HRC
GS-343 EFS GS-343 ESR	热压铸和塑料模具钢,德国蒂森克鲁伯公司的厂家牌号。该钢近似于美国 H11 型。GS-343 EFS 具有高的韧性和高温性能;GS-343ESR 为电渣重熔产品,具有高韧性和高硬度,一般使用硬度为 50 ~ 52 HRC
GS-361S	易切削含硫不锈钢,用作塑料模具钢。德国蒂森克鲁伯公司的厂家牌号该钢可预硬化交货,出厂硬度为 28 ~ 32 HRC
GS-379	高耐磨性塑料模具用钢,德国蒂森克鲁伯公司的厂家牌号。该钢近似于美国 D2 型,一般使用硬度为 56 ~ 60 HRC
GS-711	高强度预硬化塑料模具用钢,德国蒂森克鲁伯公司的厂家牌号。该钢近似于美国 P20 + 1.7Ni,具有高等级的表面粗糙度,预硬化硬度为 35 ~ 38 HRC

牌　号	牌　号　简　介
GS-738	高级预硬化塑料模具用钢,德国蒂森克鲁伯公司的厂家牌号。该钢相当于美国 P20 + Ni,预硬化硬度为 32 ~ 35 HRC
GS-767	高强度精密塑料模具钢,德国蒂森克鲁伯公司的厂家牌号。该钢相当于美国 6F7(AISI/SAE),一般使用硬度为 50 ~ 55 HRC,也可用于冷作模具钢
GS-808 VAR	可焊接超级模具钢,德国蒂森克鲁伯公司的厂家牌号,真空电弧重熔产品,具有优良的抛光性能,可预硬化,一般使用硬度为 38 ~ 42 HRC
GSW-2083	耐腐蚀塑料模具钢,德国德威公司的厂家牌号。该钢为 4Cr13 型不锈钢,具有良好的耐腐蚀性能,用于制作 PVC 材料的模具等
GSW-2311	预硬化塑料模具钢,德国德威公司的厂家牌号,出厂预硬化硬度为 31 ~ 34 HRC。该钢为 P20 型模具钢,可进行电火花加工,用于制作大中型镜面塑料模具
GSW-2316	耐蚀塑料模具钢,德国德威公司的厂家牌号。该钢属于马氏体型不锈钢,可预硬化,出厂硬度为 31 ~ 34 HRC,具有优良的耐蚀性能和镜面抛光性能,用于制作镜面塑料模具
GSW-2738	耐蚀镜面塑料模具钢,德国德威公司的厂家牌号,该钢为美国 P20 + Ni 型塑料模具钢,可预硬化,出厂硬度为 31 ~ 34 HRC,硬度均匀,抛光性能好,适合制作大中型镜面塑料模具
P20M	经济型预硬化塑料模具钢,德国蒂森克鲁伯公司的厂家牌号,类似美国 P20,一般使用硬度为 30 ~ 35 HRC

表 6-8　冷作模具钢介绍

牌　号	牌　号　简　介
GS-247	用作冷作模具的钨钼系含钴高速钢,德国蒂森克鲁伯公司的厂家牌号。该钢近似于中国 W2Mo9Cr4VCo8(GB),美国 M42(AISI/SAE),具有高耐磨性,高的热硬性和高温硬度,一般使用硬度为 60 ~ 65 HRC
GS-307	高强韧性冷作模具钢,德国蒂森克鲁伯公司的厂家牌号。该钢近似于美国 S7(AISI/SAE),具有高耐磨性,热处理变形小,一般使用硬度为 54 ~ 57 HRC
GS-363	空淬中合金冷作模具钢,德国蒂森克鲁伯公司的厂家牌号。该钢韧性好,硬度高,空淬后尺寸变形小,一般使用硬度为 56 ~ 61 HRC。对应钢号:中国 Cr5Mo1V(GB),美国 A2(AISI),日本 SKD12(JIS)等
GS-379	高碳高铬型冷作模具钢,德国蒂森克鲁伯公司的厂家牌号。该钢具有高的淬透性、淬硬性和耐磨性,一般使用硬度为 56 ~ 61 HRC。对应钢号:中国 Cr12Mo1V1(GB),美国 D2(AISI),日本 SKD11(JIS)等
GS-388	用作冷作模具的钨钼系高速钢,德国蒂森克鲁伯公司的厂家牌号。该钢具有较高的硬度、热硬性,热塑性好,一般使用硬度为 58 ~ 63 HRC。对应钢号:中国 W6Mo5Cr4V2(GB),美国 M2(AISI/SAE),日本 SKH51(JIS)等
GS-436	高碳高铬型冷作模具钢,德国蒂森克鲁伯公司的厂家牌号,近似于美国 D6(AISI)。该钢具有较高的硬度和耐磨性,一般使用硬度为 58 ~ 62 HRC

续表

牌　号	牌　号　简　介
GS-510	油淬冷作模具钢,德国莱森克鲁伯公司的厂家牌号,近似美国 O1(AISI/SAE),属于用途广泛的微变形钢,一般使用硬度为 54 ~ 60 HRC
GS-767	高强韧性冷作模具钢,德国莱森克鲁伯公司的厂家牌号,该钢近似于美国 6F7(AISI/SAE),一般使用硬度为 50 ~ 54 HRC,也可用于塑料模具
GS-821 GS-821 ESR	新型高碳中铬型冷作模具钢,德国莱森克鲁伯公司的厂家牌号,该钢具有高的强韧性和耐磨性,性能优于 GS-379,一般使用硬度为 56 ~ 59 HRC。GS-821 ESR 为电渣重熔钢
GS-842	经济型冷作模具钢,德国莱森克鲁伯公司的厂家牌号。该钢具有高的硬度和耐磨性,淬火后变形小,一般使用硬度为 54 ~ 60 HRC。对应钢号:中国 9Mn2V(GB),美国 O2(AISI/SAE)等
GSW-2379	高碳高铬型冷作模具钢,德国德威公司的厂家牌号。用于制作冷挤压模、冲压模,也用于制作高耐磨性塑料模具

表 6-9　热作模具钢介绍

牌　号	牌　号　简　介
GS-344 EFS GS-344 ESR	通用压铸模具钢,德国莱森克鲁伯公司的厂家牌号。属于美国 H13 类型,一般使用硬度为 47 ~ 51 HRC。用于锌、铅锌合金压铸模。GS-344 ESR 为电渣重熔钢
GS-344HT	铝镁合金压铸模具钢,德国莱森克鲁伯公司的厂家牌号。该钢具有高的热强性和热稳定性,并且具有良好的韧性,一般使用硬度为 45 ~ 49 HRC
GS-344M	铝镁合金压铸模具钢,德国莱森克鲁伯公司的厂家牌号。是美国 H13 的改良型,可采用电渣重熔。该钢提高了钼含量,具有更好的高温性能,一般使用硬度为 46 ~ 52 HRC
GS-365	铜压铸模用钢,德国莱森克鲁伯公司的厂家牌号。近似于美国 H10(AISI),一般使用硬度为 38 ~ 45 HRC
GS-714	锻造用模具钢,德国莱森克鲁伯公司的厂家牌号。美国 6F3 的改良型,该钢具有良好的韧性和抗热冲击性能,一般使用硬度为 38 ~ 52 HRC。用于锻造模具、热冲压模等
GS-885	铜压铸模用钢,德国莱森克鲁伯公司的厂家牌号。美国 H10 的改良型。该钢增加 3% 钴,比 GS-365 具有更好的高温性能,一般使用硬度为 38 ~ 45 HRC
GS-999	高级锻造用模具钢,德国莱森克鲁伯公司的厂家牌号。其特点是高钼含量、高耐磨性,模具使用寿命长,一般使用硬度为 41 ~ 50 HRC
GSW-2344	通用压铸模具钢,德国德威公司的厂家牌号。近似于美国 H13 类型,出厂退火硬度≤210 HBS,用于铝、锌合金压铸模

6.3.2　国内市场销售的瑞典模具钢介绍

表 6-10、表 6-11、表 6-12 所示为中国国内市场销售的瑞典塑料模具钢、冷作模具钢、热作模具钢介绍。

表6-10　塑料模具钢介绍

牌　号	牌　号　简　介
618	预硬化塑料模具钢,瑞典 ASSAB(一胜百)厂家牌号,在我国广泛应用,相当于我国的 3Cr2Mo(GB)和美国的 P20(AISI)等
716	耐蚀塑料模具钢,瑞典 ASSAB(一胜百)厂家牌号,属于马氏体型不锈钢。近似钢号:日本 SUS420J1(JIS),和美国的 420(AISI)等
718	镜面塑料模具钢,瑞典 ASSAB(一胜百)厂家牌号,在我国广泛应用,相当于市场上俗称的 P20 + Ni,可预硬化交货。该钢具有高淬透性,良好的抛光性能、电火花加工性能和皮纹加工性能,适于制作大型镜面塑料模、汽车配件模具、家用电器模具、电子音像产品模具
S-136	耐蚀塑料模具钢,瑞典 ASSAB(一胜百)厂家牌号,属于中碳高铬型不锈钢,耐蚀性能好,淬火后回火后有较高硬度,抛光性能好,用于制作对耐蚀性和耐磨性要求较高的塑料模具,如 PVC 材料模具、透明塑料模具等

表6-11　冷作模具钢介绍

牌　号	牌　号　简　介
DF-2	油淬冷作模具钢,瑞典 ASSAB(一胜百)厂家牌号,该钢具有良好的冷冲裁性能、热处理变形小,用于制作小型冲压模、切纸机刀片等。对应钢号:中国 9Mn2V(GB),美国 O2(AISI)等
DF-3	油淬冷作模具钢,瑞典 ASSAB(一胜百)厂家牌号,该钢具有良好的刃口保持能力,淬火变形小,用于制作薄片冲压模、压花模等。对应钢号:中国 9CrWMn(GB),德国 1.2510(W-Nr),日本 SKS3(JIS),美国的 O1(AISI)等
XW-10	空淬冷作模具钢,瑞典 ASSAB(一胜百)厂家牌号。其特点为韧性好,耐磨性高,热处理变形小。对应钢号:中国 Cr5Mo1V(GB),日本 SKD12(JIS),美国 A2(AISI)等
XW-42	高碳高铬型冷作模具钢,瑞典 ASSAB(一胜百)厂家牌号。具有良好的淬透性、高韧性、高耐磨性、强韧性很好,并且抗回火稳定性好,热处理变形小。对应钢号:中国 Cr12Mo1V1(GB),美国的 D2(AISI)等

表6-12　热作模具钢

牌　号	牌　号　简　介
8407	通用热作模具钢,瑞典 ASSAB(一胜百)商品牌号,用于锤锻模、挤压模、压铸模,也用于塑料模具。对应钢号:中国 4Cr5MoSiV1(GB),美国 H13(AISI)等
QRO-90	热作模具钢,瑞典 ASSAB(一胜百)厂家牌号,为专利钢种。其特点是高温强度高,导热性好,抗热冲击和抗热疲劳,用于铝、铜合金压铸模及热挤压模、热锻模等

6.3.3　国内市场销售的奥地利模具钢介绍

表6-13、表6-14、表6-15 所示为国内市场销售的奥地利塑料模具钢、冷作模具钢和热作模具钢介绍。

表 6-13 塑料模具钢介绍

牌 号	牌 号 简 介
M202	预硬化塑料模具钢,奥地利 Böhler(百禄)公司的厂家牌号。该钢是美国 P20 类型,但碳、锰含量偏高,预硬化硬度为 30~34 HRC,可进行电火花加工,用于制作一般要求的塑料模具
M238/M238 ECOPLUS	镜面塑料模具钢,奥地利公司的厂家牌号。M238 是美国 P20 + Ni 型塑料模具钢,但碳、锰含量偏高,可预硬化,出厂硬度为 30~34 HRC,镜面抛光性能好,可进行电火花加工;M238 ECOPLUS 为高级镜面塑料模具钢,其镜面抛光性能、皮纹加工性能更好,用于制作高精度的大中型塑料模具
M300 ESR	耐蚀镜面塑料模具钢,奥地利 Böhler(百禄)公司的厂家牌号,电渣重熔产品。该钢属于马氏体型不锈钢,具有良好的耐蚀性能、高的力学强度和耐磨性,并有优良的镜面抛光性能,适用于要求耐蚀性和镜面抛光性的塑料模具,以及 PVC 材料的模具
M310 ESR	耐蚀镜面塑料模具钢,奥地利 Böhler(百禄)公司的厂家牌号,电渣重熔产品。该钢属于 4Cr13 型不锈钢,具有优良的耐蚀性、耐磨性和镜面抛光性能,用于制作塑料透明部件及光学产品的模具
M310H ESR	预硬化镜面塑料模具钢,奥地利 Böhler(百禄)公司的厂家牌号,电渣重熔产品。预硬化硬度为 31~35 HRC,具有比 M310 更好的耐蚀性、耐磨性和镜面抛光性能,适于制作磁带、光盘盒等塑料模具。近似钢号:美国 420(AISI),德国 1.2083(W-Nr)
M340 ISOPLAST	高级耐蚀镜面塑料模具钢,奥地利 Böhler(百禄)公司新上市的厂家牌号,具有优良的耐蚀性能和镜面抛光性能,适于制作优质塑料制品和食品工业模具

表 6-14 冷作模具钢介绍

牌 号	牌 号 简 介
K100	高碳高铬型冷作模具钢,奥地利 Böhler(百禄)公司的厂家牌号。该钢具有高的耐磨性,优良的耐腐蚀性,用于制作不锈钢薄板的切边模、深冲模、冷压成形模等,出厂硬度≤250 HBS。对应钢号:中国 Cr12(GB),德国 1.2080(W-Nr),美国 D3(AISI)等
K110	高碳高铬型冷作模具钢,奥地利 Böhler(百禄)公司的厂家牌号。该钢具有良好的强度、硬度和韧性,用于制作重载荷冲压模,出厂硬度≤250 HBS。对应钢号:中国 Cr12Mo1V1(GB),美国 D2(AISI)等
K340	高耐磨性冷作模具钢,奥地利 Böhler(百禄)公司的厂家牌号。该钢具有高的韧性和耐磨性,用于制作加工不锈钢的深冲模及压花模,出厂硬度≤250 HBS
K460	油淬冷作模具钢,奥地利 Böhler(百禄)公司的厂家牌号。该钢具有高的强度,热处理变形小,用于制作金属冲压模具等。对应钢号:日本 SKS9(JIS),中国 MnCrWV(GB),德国 1.2510(W-Nr),美国 O1(AISI)等
S500	用作冷作模具的钨钼系含钴高速钢,奥地利 Böhler(百禄)公司的厂家牌号。该钢具有高耐磨性、高的热硬性和高温硬度,适用于要求高韧性的冷冲模,出厂硬度为 240~300 HBS。对应钢号:中国 W2Mo9Cr4VCo8(GB),美国 M42(AISI/SAE)
S600	用于冷作模具的钨钼系高速钢,奥地利 Böhler(百禄)公司的厂家牌号。该钢具有较高的硬度、热硬性,热塑性好,适用于要求一般韧性的冷冲模,出厂硬度为 240~300 HBS。对应钢号:中国 W6Mo5Cr4V2(GB),美国 M2(AISI/SAE),日本 SKS9(JIS)等
S705	用作冷作模具的钨钼系含钴高速钢,奥地利 Böhler(百禄)公司的厂家牌号。该钢的热硬性和耐磨性均优于 S600,用于精密冷冲模,出厂硬度≤250 HBS。对应钢号:中国 W2Mo9Cr4VCo8(GB),德国 1.3243(W—Nr/材料号),美国 M35(AISI/SAE)

表 6-15 热作模具钢介绍

牌　号	牌　号　简　介
W300 ISODISC	热作模具钢,奥地利 Böhler(百禄)公司的厂家牌号,近似于美国 H10(AISI)。该钢采用真空电弧重熔,出厂退火硬度≤229 HBS,用于铝、锌、镁合金压铸模、热冲压模等
W302 ISODISC	热作模具钢,奥地利 Böhler(百禄)公司的厂家牌号,近似于美国 H13 型。该钢具有良好的高温强度、耐磨性和抗热疲劳性能,出厂退火硬度≤235 HBS,用于铝、锌合金压铸模、热冲压模等,也用于塑料模具
W303 ISODISC	热作模具钢,奥地利 Böhler(百禄)公司的厂家牌号。该钢具有良好的高温耐磨性能,出厂退火硬度≤229 HBS,用于要求精密加工的压铸模、热挤压模等
W321 ISODISC	热作模具钢,奥地利 Böhler(百禄)公司的厂家牌号。该钢为美国 H10(AISI)的改良型,钢中增加 2.8% 钴,具有较好的高温性能,出厂退火硬度≤230 HBS,用于铜合金铸模、热冲压模,如手表壳冲模等

6.3.4　国内市场销售的法国模具钢介绍

表 6-16 所示为国内市场销售的法国塑料模具钢介绍。

表 6-16 法国塑料模具钢介绍

牌　号	牌　号　简　介
CLC2083	耐蚀镜面塑料模具钢,法国 USINOR 公司的厂家牌号。该钢具有良好的耐腐蚀性能和力学强度,高的淬透性、高耐磨性,并具有优良的镜面抛光性。适用于塑料透明部件(如汽车灯具等)和光学产品模具,以及 PVC 等含腐蚀性材料的加工模具
CLC2316H	耐蚀镜面塑料模具钢,法国 USINOR 公司的厂家牌号。该钢具有良好的耐腐蚀性能,高的力学强度和耐磨性,加工工艺好,并具有优良的镜面抛光性。适用于耐蚀性塑料模具,PV 管件模,型材挤压模,以及要求镜面的塑料模具
CLC2738	高级镜面塑料模具钢,法国 USINOR 公司的厂家牌号,近似瑞典 718 钢。淬透性高,硬度均匀,并有良好的抛光性、电火花加工性能和蚀花(皮纹)加工性能,适于渗碳处理。用于制造大中型镜面塑料模具等
CLC2738HH	高级镜面塑料模具钢,法国 USINOR 公司的厂家牌号。该钢和 CLC2738 的基本化学成分相同,但洁净性更高,硬度更均匀,因此性能更加,模具寿命长
SP300	预硬化塑料模具钢,法国 CLI 公司的厂家牌号。该钢出厂硬度为 290～320 HBS,具有良好的加工工艺、抛光性和皮纹加工性,用于家电和汽车用塑料模具

6.3.5　国内市场销售的韩国模具钢介绍

表 6-17、表 6-18、表 6-19 所示为在中国国内市场销售的韩国冷作模具钢、塑料模具钢和热作模具钢介绍。

表 6-17 韩国冷作模具钢介绍

牌 号	牌 号 简 介
STD11	空淬冷作模具钢,韩国重工业的厂家牌号,是 D2 的改良型,近似钢号:中国 Cr12Mo1V1(GB),日本 SKD(JIS)。其特点为高洁净度,硬度均匀,高耐磨性,高强度
HFH-1	火焰淬火模具钢,韩国重工业厂的厂家牌号,该钢与我国的火焰淬火模具钢 7CrSiMnMoV 在化学成分上有些差别。HFH-1 钢有较好的淬透性、良好的韧性和高的耐磨性,热处理变形小,用于大型镶块模具的冲压模、剪切下料模,也用于大动载荷的冷作模具等

表 6-18 韩国塑料模具钢介绍

牌 号	牌 号 简 介
HAM-10	镜面塑料模具钢,韩国重工业厂的厂家牌号。可预硬化、出厂硬度为 37～42 HRC,有优良的镜面抛光性能,用于塑料透明部件(如汽车灯具、冰箱蔬菜盒等)模具
HEMS-1A	耐蚀塑料模具钢,韩国重工业厂的厂家牌号。可预硬化、出厂硬度为 23～33 HRC,有高级镜面抛光性能,用于彩色显像管玻壳模具、生产 PVC 材料底盘等
HP-1A	普通塑料模具钢,韩国重工业厂的厂家牌号。该钢具有良好的加工性能,加工变形小,用于玩具模具等
HP-4A HP-4MA	预硬化塑料模具钢,韩国重工业厂的厂家牌号。预硬度为 27～34 HRC,硬度均匀、耐磨性好,用于电视机前壳、电话机、吸尘器壳体、饮水机等模具

表 6-19 韩国热作模具钢介绍

牌 号	牌 号 简 介
HDS-1	热作模具钢,韩国重工业厂的厂家牌号,是美国 H13 的改良型,近似中国 4Cr5MoSiV。具有良好的强韧性和抗回火稳定性,出厂退火硬度≤229 HBS,用于压铸模、热挤压模、热冲压模等
STD61	热作模具钢,韩国重工业厂的厂家牌号,近似中国 4Cr5MoSiV。具有良好的高温硬度和韧性,用于压铸模、热挤压模、热冲压模等
STF-4M	锻造用模具钢,韩国重工业厂的厂家牌号,该钢是美国 6F2(AISI)的改良型。具有优良的抗热冲击性能和高的耐磨性,用于锻造模、热冲压模

参 考 文 献

[1] 赵昌盛. 模具材料及热处理手册[M]. 北京:机械工业出版社,2008.
[2] 康俊远. 模具材料与表面处理[M]. 北京:北京理工大学出版社,2012.
[3] 张清辉. 模具材料及表面处理[M]. 北京:电子工业出版社,2001.
[4] 刘立君,李继强. 模具激光强化及修复再制造[M]. 北京:北京大学出版社,2012.
[5] 王德文. 提高模具寿命应用技术实例[M]. 北京:机械工业出版社,2004.
[6] 于永泗,齐民. 机械工程材料[M]. 大连:大连理工大学出版社,2009.
[7] 钱根苗,姚寿山,张少宗. 现代表面技术[M]. 北京:机械工业出版社,2000.
[8] 谭昌瑶,王钧石. 实用表面工程技术[M]. 北京:新时代出版社,1997.
[9] 何柏林. 模具材料及表面强化技术[M]. 北京:化学工业出版社,2009.
[10] 李奇. 模具材料及热处理[M]. 北京:北京理工大学出版社,2007.
[11] 李志刚. 中国模具设计大典[M]. 第一卷,现代模具设计基础. 南昌:江西科学技术
    出版社,2003.
[12] 並木邦夫. 模具材料性能与应用[M]. 高娟,译. 北京:机械工业出版社,2014.